基于人工智能的航空弹药保障与决策支持系统研究

田德红 李守伟 侯德飞 著

东南大学出版社
SOUTHEAST UNIVERSITY PRESS
·南京·

图书在版编目(CIP)数据

基于人工智能的航空弹药保障与决策支持系统研究 /
田德红，李守伟，侯德飞著. — 南京：东南大学出版社，
2023.6

ISBN 978 - 7 - 5766 - 0655 - 3

Ⅰ. ①基… Ⅱ. ①田… ②李… ③侯… Ⅲ. ①航空弹
药-决策支持系统 Ⅳ. ①TJ41

中国版本图书馆 CIP 数据核字(2022)第 253349 号

责任编辑：陈 淑 责任校对：韩小亮 封面设计：顾晓阳 责任印制：周荣虎

基于人工智能的航空弹药保障与决策支持系统研究
Jiyu Rengong Zhineng De Hangkong Danyao Baozhang Yu Juece Zhichi Xitong Yanjiu

著 者	田德红 李守伟 侯德飞	
出版发行	东南大学出版社	
社 址	南京市四牌楼 2 号	邮编：210096
网 址	http://www.seupress.com	
电子邮箱	press@seupress.com	
经 销	全国各地新华书店	
印 刷	广东虎彩云印刷有限公司	
开 本	700 mm×1000 mm 1/16	
印 张	11.5	
字 数	186 千字	
版 次	2023 年 6 月第 1 版	
印 次	2023 年 6 月第 1 次印刷	
书 号	ISBN 978 - 7 - 5766 - 0655 - 3	
定 价	78.00 元	

(本社图书若有印装质量问题，请直接与营销部联系。电话：025 - 83791830)

目　录

第1章

绪 论

1.1 研究背景与意义

随着军事技术的发展,现代化战争逐渐展现出多样化的趋势,主要表现为兵力机动、火力配置以及作战指挥等都是在地面和空中同时进行,同时又强调综合使用各种参战机种及其航空导弹联动出击。以现代军事技术为支撑,空军将担负起攻击重要敌对目标以及与海、陆军协同作战等重要任务,其表现出的参战机种之多、战争时间之短、弹药消耗之大,显著增加了航空弹药保障的强度和难度。

首先,现代化战争参战机种多。在海湾战争中,以美军为首的多国部队出动了各种不同用途的飞机,包括战略轰炸机、战略侦察机、电子干扰机、空中预警机等,分别执行空袭、侦察、电子战、护航等任务,从而对伊军的整个防空系统、指挥中心以及重兵集团等进行了全方位的空袭,进而完成战略空袭、夺取制空权、削弱伊军地面部队以及支援地面作战部队等多项战略目标,对战争胜负起到了关键性作用。

其次,现代化战争时间短。在科索沃战争中,北约军队依托于现代信息技术的支持,其指挥中心向一线部队传达命令只需 3 分钟,而越级向导弹部队下达命令仅需 1 分钟,配合由全球定位系统(GPS)制导的巡航导弹、激光制导炸弹和联合直接攻击弹药,实现了信息与火力的协同配置,基本能够做到"发现即摧毁"。

另外,战争弹药消耗大且破坏性强。据统计,在科索沃战争中北约国家总计出动飞机 32 000 架次,投弹 13 000 吨。连续 78 天的轰炸造成南联盟近百万人沦为难民,300 多所学校遭到破坏,还有 50 多座桥梁被炸毁,直接经济损失 2 000 多亿美元。

满足作战需求的航空弹药存储主要集中在不同地区的军事仓库,若没有及时充分的航空弹药供应保障措施,则空军的真实战斗水平就会大打折扣。现代信息技术的高速发展为准确高效的航空弹药保障系统的构建提供了基础,进而基于信息技术构建航空弹药保障决策支持系统(Decision Support System,DSS)非常必要。航空弹药保障决策支持系统的研究、开发及应用旨在对航空弹药的消耗、存储、调运过程进行系统化管理,进而帮助作战部队形成航空弹药供应保障中的一些高效决策,如弹药消耗预测问题、储存方案优化问题以及调运方案优化问题等。航空弹药保障决策支持系统是以管理信息系统为基础,但是在此基础上更进一步,更加注重系统的智能性,通过人机交互方式为决策者提供所需的数据、信息,进而帮助决策者切实提高决策质量。在航空弹药保障现代化建设过程中,航空弹药保障决策支持系统是不可或缺的一部分,它主要是利用计算机、系统工程理论、网络理论、数据库等技术,通过数据的形式表示航空弹药供应保障过程中的相关信息,进而储存于数据库和模型库系统中。作战人员只要在系统中输入作战任务指令,系统即可迅速生成与航空弹药供应保障相关的各种信息方案,从而协助作战人员形成高效科学的决策。

航空弹药保障决策支持系统的主要任务是为各类决策问题迅速准确地提供解决办法,进而帮助决策者作出科学的决策。因此,在信息技术快速发展的情况下,航空弹药保障问题的有效解决需要航空弹药保障决策系统的精确分析。"凡事预则立,不预则废",从海湾战争、科索沃战争等现代化战争来看,世界各国军队对弹药的消耗预测、存储及调运问题等都进行了全面系统的分析,因而取得了不错的战绩。

对于作战时期所需要的航空弹药,现阶段的储存区域主要集中在不同区域的军事仓库中,从航空弹药保障节点的分布上来看布局较为分散,因而各保障节点之间的信息沟通多有不便,而且很多弹药还存在配置混乱等现象。与西方发达国家在信息化战争条件下的弹药保障体系相比,我国当前的航空弹药保障系统还存在一定的差距,因此通过决策支持系统为航空弹药保障决策提供有效的参考,对于我国航空弹药保障系统信息化建设具有重要意义。基于此,本书结合国内外航空弹药保障系统相关研究成果,分别从航空弹药消耗预测、航空弹药储存点布局、航空弹药调运决策等角度进行深入研究,构建航空弹药供应保障模型,进而设计航空弹药保障决策支持系统。本书的研究对于切实提高航空弹药供应保障能力以及实现决策科学化具有重要的军事意义和现实指导作用。

1.2　研究现状

1.2.1　航空弹药供应保障研究

目前对于航空弹药供应保障的研究主要包括航空弹药消耗预测研究、航空弹药存储布局研究、航空弹药调运决策研究。

（1）航空弹药消耗预测研究

刘涛 等（2009）基于具有全局收敛性的 Fletcher-Reeves 共轭梯度算法改进传统反向传播（Back Propagation，BP）神经网络，并对单个目标航空弹药消耗进行预测，研究结果表明改进的 BP 神经网络能克服局部极值、快速提高网络收敛速度且准确度高；Yu 等（2009）采用神经网络的 BP 算法进行仿真计算，得到弹药需求与武器生存能力、射击精度、目标类型、目标毁伤程度等相关因素的内在联系，反映了弹药实际需求与多种外部因素的复杂的非线性关系，对战时的弹药供应决策具有重要意义；陈利安 等（2010）利用多元线性回归预测、灰色预测、并联及串联灰色多元线性回归预测等多种模型来预测航空弹药平时消耗量，对比结果表明并联模型综合多种因素，预测具有非劣性，而串联模型能有效降低原始数据的随机性，提高模型预测精度；陶茜 等（2010）基于蚁群算法对目标进行聚类，并利用模糊综合评判法进行评判，进而确定攻击目标的航空弹药需求量，该方法为战时航空弹药的需求预测提供了理论依据；Fan 等（2011）以人工神经网络为技术支持，提出了智能化的弹药消耗预测方法，通过遗传算法进行网络连接权值的训练及优化，以及误差目标函数的改进与隐含层神经元数目的智能选取，提高弹药消耗预测的实时仿真速度，为下一步的弹药消耗预测研究提供了理论参考与方法支持；邱国斌（2015）对战时航空弹药消耗特点进行统计分析，研究表明伽马分布对历史数据拟合效果较好，同时绘制了不同航空弹药消耗趋势图；康宗宇 等（2017）提出一种基于贝叶斯方法的战时航空弹药预测模型，研究结果表明该模型能有效预测出未来阶段的航空战时弹药保障供应能力，且预测精度较高，实用性较强；孙云聪 等（2017）选取前馈神经网络中的 BP 网络和反馈神经网络中的 Elman 网络对航空训练弹药需求量进行预测,研究结果表明 Elman 网络在收敛速度、联想记忆方面都优于 BP 网络;周一鸣 等(2017)基于动态灰色预测模型对弹药的维修器材消耗量进行预测,研究结果表明动态灰色模型的运用能够提高灰区间的白度且预测精度比传统灰色模型高;吴宏伟 等(2018)提出一种基于兰切斯特方程(LE)的战时航空弹药消耗需求预测方法,利用预测参数的采集和预测相关参数的计算完成预测过程,实验结果表明该方法能达到预测精度和预测能耗的优化;田德红 等(2018)结合航空弹药训练消耗的特点,将邻域粗糙集与支持向量机融合进行航空弹药训练消耗的预测,同样达到了提高预测精度的目的;此外,田德红 等(2018)进一步将变异粒子群优化融入深度神经网络研究航空弹药训练消耗预测,有效解决了传统神经网络容易陷入局部最优的问题以及弹药消耗的非线性问题,研究结果显示该方法比传统的神经网络预测方法具有更好的性能;刘显光 等(2022)根据航空制导弹药使用消耗数据小样本、非线性和随机性强等特点,采用支持向量回归模型来对航空制导弹药使用消耗数据进行点预测,并结合点预测误差数据确定给定置信度下的最佳置信区间,将航空弹药消耗预测的不确定性考虑在内。上述研究主要从航空弹药作战需求总量的角度进行了预测,而对于航空弹药作战需求结构的预测同样至关重要。陈杨 等(2022)分别构建了航空弹药的作战需求总量预测模型及需求结构模型,具体通过对近两次局部战争中的航空弹药需求量变化规律分析,得出航空弹药需求总量预测的威布尔分布模型,在需求总量预测基础上,结合航空弹药作战的具体情况,构建了航空弹药需求结构模型,并运用层次分析法求解,获得航空弹药需求的最优结构。

(2)航空弹药储存布局问题研究

航空弹药储存点布局优化属于选址问题,对于选址问题的研究国外早在 20 世纪初就已经开始了。Weber 等(1929)率先提出了单一物流配送中心的选址问题,随后 Hoover(1937)也对配送中心选址问题进行了研究。在此基础上,大量的模型被相继提出并用于研究选址问题,如 P-中值方法(Hakimi,1964)、启发式方法(Kuehn et al.,1963)、集覆盖模型(Roth,1969)、P-中介问题模型(Murray et al.,1997)、整数规划模型(Aikens,

1985)等,之后有关选址问题的研究方法不断改进并逐渐趋于成熟(如 Barahona et al.,1998;Holmberg,1999;Berman et al.,2002)。国内相关的研究虽然起步较晚,但是研究成果大量涌现,而且近年来对于选址问题的研究也逐渐融入了一些新的理念,开始从库存战略、运输战略、服务战略等不同方面采用不同的方法来深入研究选址问题。例如,税文兵 等(2010)通过库存持有成本对传统选址模型进行修正,建立了考虑库存成本的配送中心选址模型;赵斌 等(2011)根据聚类算法的思想考虑了运输距离限制的双配送中心选址问题;董开帆 等(2013)为了提高物流系统的服务水平,对具有经济性和时效性的配送中心选址问题进行了研究;汤希峰 等(2009)针对传统选址模型忽视物流服务水平的情况,建立了物流成本最小并且服务可靠度最大的配送中心多目标优化模型。另外,随着 Multi-Agent(多主体)技术的发展,选址问题的动态特征开始引起人们的关注,一部分学者开始通过仿真方法研究选址问题。例如,崔国山 等(2009)基于 Agent 研究了机场应急资源动态调配问题;杜艳平 等(2010)基于 Agent 研究了铁路货运站布局优化问题;王亚良 等(2014)通过 Multi-Agent 技术研究了应急物资的储备和调度;周庆忠(2016)提出了基于 Agent 的油料保障调运模型,但是并没有对具体选址问题进行研究。国内对于军事领域选址问题的研究也很多。一方面,学者们通过不同的方法对军事物流配送中心选址模型进行求解,以增加算法的效率,如杨春周 等(2012)通过粒子群优化算法降低了军事物流配送中心选址问题计算的复杂度;李东 等(2013)采用基于时间约束的启发式算法将多阶响应的军事物流中心选址模型转化为可行子问题进行求解;李绍斌 等(2015)通过遗传算法得到了多个军事物流配送中心选址问题的最优解;李涛 等(2020)结合主元分析法和支持向量机方法,综合运用检测数据和弹药事件数据,动态地实现评估制导弹药库存性能,进而改变了仅依赖于时间变量的性能评估,细化了对制导弹药状态的区分。另一方面,有的学者也考虑了军事物流配送的设施和路段失效等不确定特征对选址的影响,如李东 等(2010)将物资配送中设施失效时的应急配送成本作为决策目标的一部分对军事物流配送中心选址问题进行了研究;谢文龙 等(2015)研究了不确定战时情景下的军事物流配送中心选址问题；宋超 等（2020）对影响弹药质量的野战环境因素进行了分析，研究野战环境下引起弹药质量下降的原因及其作用机理，提出了加强野战环境弹药储存安全管理应对措施。

（3）航空弹药调运决策问题研究

航空弹药保障系统中最重要的是运输路径优化问题，Dantzing 和 Ramser 于 1959 年首次提出该问题，随后国外有大量学者基于 K 度中心树算法（Perny et al.，2005）、遗传算法（Baker et al.，2003）、模拟退火算法（Gendreau et al.，2005）和蚁群算法（Bullnheimer et al.，1999）等多种算法对此进行了深入的研究。国内学者对于运输路径优化问题的研究虽然起步较晚，但是研究成果大量涌现。一方面，国内学者对运输路径优化问题的算法进行了改进。例如，蔡蓓蓓 等（2010）构造了一种混合量子遗传算法对车辆路径问题进行改进；周生伟 等（2013）基于贪婪随机自适应算法对传统遗传算法进行改进，从而可以更好地求解车辆路径问题；张群 等（2012）通过模糊遗传算法对混合车辆路径模型进行了求解。另一方面，学者们拓宽了运输路径优化问题。优化问题及其应用的研究领域，除了应用于物流体系以外，还包括舰载机和航母等多个领域（陶益等，2021；张洪亮 等，2021；陶俊权等，2022）。另外，有很多学者通过运输路径优化研究了弹药的调配问题。例如，李东 等（2013）考虑到部队响应时间约束，建立了混合整数规划形式的军事物流配送中心模型；童晓进 等（2013）针对多出救点、单应急点的连续消耗应急物资调运问题，建立了多目标决策优化模型；王坤 等（2017）提出一种基于混合优劣解距离法（TOPSIS）的单眼运输路径最优选择模型。但是，由于弹药运输过程涉及的因素复杂并且具有不确定性，学者们在研究运输路径优化的同时逐渐考虑到交通状况和战时敌方打击等动态特征（刘丽霞 等，2004；杨萍 等，2007；佟常青 等，2010；石玉峰，2005；Shi et al.，2010；牛天林等，2011；李旺 等，2012；王梓行 等，2017；田德红 等，2018）。王巍 等（2022）具体从弹药公路运输的安全评估方法应用、运输环境分析、运输振动影响、运输冲击影响、弹药包装防护、运输路径优化等方面对相关研究文献进行了综述。然而，航空弹药保障系统并不是静态的，而是需要随着实时交通情况以及实时敌方打击情况等不确定性的因素及时调整航空弹药调配和运输策略以满足作战部队需求,这就需要多个部门之间相互协同配合,才能真正发挥出航空弹药保障系统的作用。韩震 等(2014)在文章中提到了弹药的协同调运,但是同样是基于静态过程建立的模型;韩仁东 等(2010)和李磊 等(2014)通过 Multi-Agent 技术构建了军事物流系统仿真模型,但是并没有对具体的弹药调运问题进行解决。张孟月 等(2020)建立了涵盖任务下达与执行、保障对象、保障资源以及保障过程等要素的建制单位离散事件仿真模型,并在此基础上开发了仿真系统,为航空兵场站机载弹药保障效能评估提供了有力的分析工具。

1.2.2 Multi-Agent 研究

Multi-Agent 系统通常具有自主性、分布性、交互性、智能性以及协调性等特性,它能够为各种实际问题提供统一解决方案;Multi-Agent 系统能够通过个体之间的计算、通信以及调度来较为准确地刻画复杂系统的结构特性和行为特征。因此,Multi-Agent 系统在解决实际应用问题时,往往表现出较高的鲁棒性、可靠性以及普适性。目前,Multi-Agent 理论模型及应用研究大致可分为两类基本问题:Multi-Agent 一致性问题和 Multi-Agent 优化问题(周博,2016)。

Multi-Agent 系统的一致性是指 Multi-Agent 系统中所有 Agent 通过直接或间接信息的交互最终趋于相同。所有 Agent 趋于相同的过程中,系统中的信息交换协议是影响结果的关键因素,根据 Multi-Agent 系统所处的客观环境,人们往往设计出不同的信息交换协议。Olfati 等(2004)系统地提出了 Multi-Agent 网络一致性问题的理论框架,同时给出了一致性控制协议的基本形式,并正式给出了一致性问题的可解性及其控制算法的相关概念,还结合图论知识给出了拓扑结构为平衡图的 Multi-Agent 系统达到平均一致的充要条件。近年来,国内外多个领域的研究者们应用不同的模型以及方法,从理论、应用等各个方面对一致性问题进行了深入研究,研究成果也颇为丰富。如 Gao 等(2010)研究了有向网络中的二阶 Multi-Agent 系统的一致性,在没有假设网络有生成树的情况下,得到了确保 Multi-Agent 系统达到一致的充分条件;Qin 等(2012)运用一类新方法来研究基于采样控制的二阶 Multi-Agent 系统的一致性,在一些关于采样周期和速度增益的假设下,得到了使得 Multi-Agent 系统达到一致的充分必要条件;Cheng 等(2013)研究了一类带有切换拓扑和通信噪声的二阶 Multi-Agent 系统网络的一致性,通过设计基于采样的随机逼近控制器,分别得到了确保二阶 Multi-Agent 系统均方一致性的充分条件;李皎洁(2015)提出了具有部分感知能力的 Multi-Agent 一致性协同避开光滑凸障碍物的控制策略以及一致协同绕行通过单个障碍物的控制策略;王朝霞(2016)深入研究了网络环境下 Multi-Agent 系统一致性问题,主要包括有向网络下带有确定通信时延以及时变通信时延的平均一致性问题、有向/无向网络下集中式事件触发平均一致性问题、无向网络下分布式事件触发平均一致性问题。此外,Ceragioli 等(2011)、Wang 等(2012)、Liu 等(2013)、张雨 等(2022)研究了带有量化器的 Multi-Agent 系统的一致性问题;Wu 等(2013)、Ding 等(2015)、Zhan 等(2015)、Zhao 等(2016)、施孟佶(2017)、荣丽娜 等(2022)研究了带有时滞的 Multi-Agent 系统的一致性问题。张栋 等(2022)对事件触发一致性控制是解决多智能体系统的基本框架进行了简述,并从涉及的事件触发机制及设计策略、事件触发一致性的影响因素、芝诺行为(Zeno Behavior)和事件触发一致性应用等方面对现有 Multi-Agent 系统的一致性问题进行了相关文献的总结。

Multi-Agent 优化是通过多个 Agent 系统之间的协调合作有效地求解优化任务,可以解决许多集中式算法难以胜任的大规模复杂优化问题。Multi-Agent 优化问题的研究可以归纳为在一致性迭代算法的基础上,结合某一类优化模型进而改进个体群组之间的迭代更新规则,从而形成有效的分布式优化协同算法。Multi-Agent 优化问题最早起源于 Bertsekas et al.(1989)关于分布式计算的相关研究,随着计算机性能和网络通信技术的飞速发展,它再次吸引了很多学者的关注。例如,王勇 等(2009)在综合考虑代理商选择以及线路优化问题的基础上,建立了基于图状结构的面向第 4 方物流的 Multi-Agent 系统作业整合优化模型,并基于此提出了两层邻域搜索算法,其结果与基于 k–最短路径的枚举算法结果相比具有可行性和有效性;Nedic 等(2010)针对 Multi-Agent 网络受约束一致性和代价函数优化问题,提出适用于 Multi-Agent 网络的分布式投影次梯度一致性迭代算法,并通过增加有关约束目标函数的次梯度项,改进标准的一致性迭代算法;Wang et al. (2011)提出一种分布式控制优化算法,通过控制次梯度的和将网络中 Multi-Agent 的本地状态牵引到最优解集,并分别证明了算法的离散时间和连续时间形式均渐近收敛到问题的最优解;魏心泉 等(2015)提出了基于 Multi-Agent 系统网络和熵的人群疏散模型,采用网络最快流方法构建基于疏散熵的动态多目标疏散路径算法,进而提供全局疏散优化路径;马悦 等(2022)针对传统方法难以适用于动态不确定环境下的大规模协同目标分配问题,提出一种基于多智能体强化学习的协同目标分配模型及训练方法,该方法能够准确刻画作战单元之间的协同演化内因,有效地实现大规模协同目标分配方案的动态生成。此外,如 Lobel 等(2011)、Cao 等(2013)、Chang 等(2015)、Liu 等(2015)、张方方(2015)、刘志飞 等(2022)还对 Multi-Agent 网络框架下的分布式优化问题进行了深入研究。

1.2.3　决策支持系统研究

决策支持系统(DSS)的概念是在 20 世纪 70 年代初首次出现在《管理决策系统》的一篇文章中,随即被引入我国。经过这些年的研究和发展,决策支持系统已经在物流优化(Hu et al. ,2014)、资源调配(Scott et al. ,2015)、城市规划(刘健 等,2016)、交通运输(Akay et al. ,2017)、应急决策(封超 等,2017)、风险管理(Torretta et al. ,2017)等很多方面得到广泛应用。此外,决策支持系统在军事领域也有广泛的运用。如 Korkmaz 等(2008)基于层次分析法以及双边匹配方法进而制定军事人才配置的智能决策支持系统方案,通过使用层次分析流程从职位概述和员工能力概况中生成职位偏好,进而使用双面匹配方法将人员匹配到职位,该决策支持系统方案的运用有利于军事人才的高效配置;周春华 等(2009)基于数据仓库、联机分析处理技术以及数据挖掘方法搭建军事指挥综合决策支持系统,进而为军事作战人员作出科学的战略决策提供辅助作用;王立华 等(2009)运用人工智能技术以及复杂决策系统中冲突消解、策略协同、近似推理等方法,进而构建空中高效军事打击的智能决策支持系统,该系统的运用侧重于研究空中军事打击行动中打击目标的确定、武器挂载的选择以及攻击路线的优化等问题;马俊枫等(2010)依据装甲兵作战的基本原则和运作机制构建装甲兵作战决策支持系统,并对相应模型库进行了设计,为进一步提高装甲兵作战能力提供理论支持;缪旭东(2010)基于自组织理论、进化算法以及分类器学习方法构建舰艇编队协同作战的智能决策支持系统,进而充分发挥舰艇编队整体协同作战的效能;Tolk 等(2010)为了评估和预测友军和敌军的指挥控制能力以及作战能力,基于运筹学理论从简单的算法优化到包括不同系统的复杂模拟联合构建军事作战决策支持系统,从而辅助作战人员制定决策;曾鲁山 等(2011)基于贝叶斯网络理论以及损伤树的推理方法构建了舰艇主动力装置战损评估与抢修决策支持系统,为舰艇主动力装置这一复杂系统提供战损评估与抢修的解决方案;张启义 等(2014)依据军事物流理论以及决策支持系统相关理论,结合装备物流运输流程,进而构建装备物流运输决策支持系统,包括运输任务需求分析、运输指挥辅助决策需求分析、系统数据需求分析等方面;鱼静 等(2014)为了提高军事装备物流保障决策的科学性、准确性、实时性,摆脱经验主义的保障决策方式,基于图论知识以及分布式网络技术,构建装备综合物流保障网络智能决策支持系统,该系统的研发在给出合理科学决策方案的同时有效地减少了决策时间,对于我军战斗力的提升具有积极的作用;杨妹 等(2016)针对高层辅助决策时面临的大规模复杂性问题,提出了基于指控驱动、模型驱动、数据驱动的作战分析仿真系统框架。近年来随着信息技术的发展,军事领域的决策支持系统研究也逐渐融入了更多大数据和互联网因素。例如,胡志强 等(2021)将大数据技术和人工智能技术融入作战决策支持系统构建,提出了系统框架及其组成结构;姜相争 等(2022)在云环境下提出了将专家系统和人工神经网络集成的智能决策支持系统,为军事智能决策支持系统的研究提供了一种新的思路和方法。

目前对于航空弹药供应保障决策支持系统的研究相对较少。如刘金梅(2006)采用基础理论分析、数学建模方法以及计算机程序化的方法对航空弹药供应保障决策支持系统进行深入探讨,提出了决策支持系统模型库的构建以及决策支持系统人机界面设计问题；李泽 等(2008)基于系统集成思想构建了航空弹药供应保障信息化系统集成的总体框架，对网络集成、数据集成和流程集成等核心技术进行深入分析，将航空弹药保障部门多种信息系统进行集成与整合，大大提高各部门资源优化、管理升级、成本降低、快速响应和服务改进的能力；Shang 等(2010)基于导弹需求、储存、消耗、供应等基本数据信息构建结构化数据库进而搭建导弹供应保障决策支持系统，这对于导弹供应的信息智能化具有重要研究价值。

1.2.4　研究评述

已有的航空弹药供应保障相关研究为航空弹药相关问题研究奠定了坚实的理论基础，但当前相关的研究存在以下几方面的不足和需要改进的地方：

其一，针对航空弹药消耗预测问题，目前主要运用多元线性回归、传统神经网络以及灰色预测等传统模型。考虑到航空弹药消耗受到国际局势、国家战略发展需要往往呈现出非线性发展态势，同时传统神经网络主要是基于传统统计学知识解决样本无穷大问题，并且灰色模型对于非线性问题很难得到精确的预测结果，因此现有的传统预测模型具有一定的局限性，不能很好地解决航空弹药消耗预测问题。

其二，针对航空弹药储存布局问题，目前多数军事领域选址问题的研究集中于算法的应用和改进，忽略了军事领域所具有的特殊环境特征。另外，航空弹药储存点选址问题并不是由某一部门单独完成，不同的部门对于航空弹药储存点建设考虑的角度是不完全相同的，很少有学者同时考虑到多个部门对选址问题的共同影响。

其三，在实际战争环境中，各作战部队对航空弹药的需求是有差异性的。战况紧急的部队对弹药供应的时间要求更高，而其他部队可能更加在意弹药的安全性。传统研究对于不同调运目标差异性的刻画不够充分，不能很好适应不同作战环境的需求。

其四，航空弹药调运问题不仅是静态的问题，更是需要随着实时交通情况以及实时敌方打击情况等不确定性的因素及时调整航空弹药调配和运输策略方能满足作战部队需求,这就需要多个部门之间相互协同配合。而现有研究很少考虑到航空弹药保障系统的动态特征以及交通状况和敌方攻击等不确定性因素对航空弹药调运决策的影响。

其五,目前国内外相关研究对于航空弹药保障的决策支持系统设计较少,刘金梅(2006)、李泽 等(2008)开展的主要是理论框架层面上的研究,Shang 等(2010)所构建的供应保障决策支持系统侧重于确定性条件下(资源充足、交通未遭破坏)的供应保障问题,但对于不确定性条件下的情况考虑不够充分。

1.3 研究内容、框架体系与创新点

1.3.1 研究内容

本书针对 1.2 章节中提出的现有研究的不足,分别对航空弹药消耗预测问题、储存布局优化问题、调运决策优化问题进行深入探讨,并综合这几个方面给出航空弹药供应保障决策支持系统的设计框架。研究的主要内容包括以下 4 个方面:

(1) 航空弹药消耗预测的研究

将邻域粗糙集(Neighborhood Rough Set,NRS)与变异粒子群算法(Mutation-Based Particle Swarm Optimization,MPSO)融入深度神经网络(Deep Neural Networks,DNN),构建 NRS-MPSO-DNN 组合模型进行预测。首先分析航空弹药消耗影响因素;其次利用邻域粗糙集的变量选择方法对影响航空弹药消耗的影响因素进行属性约简,筛选出一些有代表性的影响因素;再次基于变异粒子群算法优化深度神经网络对这些有代表性的变量进行训练学习,进而获得预测值;最后基于训练消耗历史数据与其他传统预测模型比较预测误差,以期获得更好的预测性能。

(2) 航空弹药储存布局优化的研究

考虑多部门之间的协同作用,建立航空弹药储存点布局优化模型,通过合作竞争博弈模型对影响航空弹药储存布局的多种影响因素进行权重化处理,从而结合 Multi-Agent 方法求解最优的航空弹药储存点布局。由于航空弹药布局影响因素包括成本要素、安全要素和时间要素三个部分,属于多目标优化问题。基于此,一方面通过 Multi-Agent 模型结合合作竞争博弈理论对目标函数进行权重化处理,另一方面通过优序数法描述适应度,并结合染色体分段编码对遗传算法进行改进,从而优化航空弹药储存点的布局并同时确定每个储存点的航空弹药储备量。

（3）航空弹药调运静态决策优化的研究

针对作战部队弹药调运决策问题,综合考虑不同作战部队对弹药调运时间因素和安全因素的需求差异,通过多目标设计的方法对弹药调运决策进行优化。不同作战部队之间对于弹药的需求存在明显的利益冲突,作为调运决策的制定者不仅需要满足所有作战部队的弹药需求,还要从全局的角度尽可能地优化整体收益。因此,引入博弈论的方法针对不同作战部队对不同影响因素的需求进行区分和度量,分别以合作博弈模型、竞争博弈模型和合作竞争博弈模型刻画不同的博弈环境,对航空弹药调运决策进行优化,既满足了时间因素和安全因素的要求,同时也考虑了博弈方之间的决策协商情况。

（4）航空弹药调运动态决策优化的研究

考虑战时的交通状况和敌方攻击等不确定性因素,结合 Multi-Agent 技术协同性的优势描述各部门之间的协同作用,并通过贝叶斯决策网络模型对各种不确定性因素进行综合评价,从而根据备选方案的评价值确定考虑多种不确定性因素的航空弹药储存点调配组合以及最优运输策略。最后,本书基于 Floyd-Warshall 算法通过多源最短路径问题对航空弹药调运决策进行优化,得到了航空弹药最优运输路径以及参与调配的储存点最低航空弹药容量。

（5）航空弹药供应保障决策支持系统的设计

依据航空弹药供应保障研究内容的特点,本书提出的航空弹药供应保障决策支持系统总体框架将分别从设计背景、设计目标、设计原则、设计内容、系统组成与结构等角度进行构建,并着重研究数据库设计、模型库设计以及人机交互界面设计。在数据库方面,分别设置消耗预测服务数据库、储存方案服务数据库以及调运方案服务数据库。在模型库方面,通过改进模型选择流程以提高模型搜索效率,实现模型的自动选择。最后,针对人机界面的研究现状,归纳总结其设计理念,在此基础上进行人机交互界面的总体设计研究,并给出其总体技术架构。

1.3.2 框架体系

第1章"绪论",主要介绍本书研究背景和意义、相关研究现状、现有研究不足、研究内容、框架体系以及创新点。

第2章"研究理论基础",主要对人工智能算法(具体包括深度神经网络、贝叶斯网络、遗传算法等)、邻域粗糙集理论、Multi-Agent系统以及决策支持系统等相关理论与基础知识进行梳理,为后面章节对于航空弹药供应保障的细化研究提供理论支持。

第3章"航空弹药消耗预测模型研究",将邻域粗糙集(NRS)与变异粒子群算法(MPSO)融入深度神经网络(DNN),构建NRS-MPSO-DNN组合预测模型对航空弹药消耗进行预测。

第4章"航空弹药储存布局优化模型研究",基于Multi-Agent方法,建立考虑多种因素和多部门协同作用的航空弹药储存布局优化模型。

第5章"航空弹药静态调运决策优化模型研究",综合考虑不同作战部队对弹药调度时间因素和安全因素的需求差异,基于博弈模型建立多目标航空弹药调运决策优化模型。

第6章"航空弹药动态调运决策优化模型研究",基于Multi-Agent方法,建立考虑战时不确定性因素和多部门协同作用的航空弹药动态调运决策优化模型。

第7章"航空弹药供应保障决策支持系统设计",从设计背景、设计目标、设计原则、设计内容、系统组成与结构等方面设计航空弹药供应保障决策支持系统的总体框架。

第8章"结论与展望",对全书进行总结,并对未来研究方向给出展望。

综上所述,全书整体的研究内容结构框架如图1-1所示。

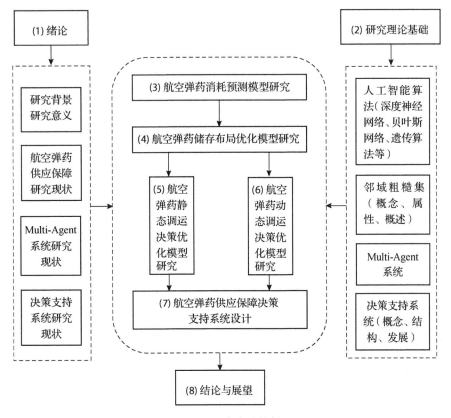

图 1 - 1　研究内容结构框架图

1.3.3　创新点

本书的创新点主要体现在以下几个方面：

（1）构建了 NRS - MPSO - DNN 融合的航空弹药消耗预测模型

考虑到现有传统预测模型具有一定的局限性，不能很好地解决航空弹药消耗预测问题，本书结合航空弹药消耗的特点，将邻域粗糙集（NRS）与变异粒子群算法（MPSO）融入深度神经网络（DNN），构建了 NRS - MPSO - DNN 组合预测模型，并结合航空弹药训练消耗历史数据进行预测，与传统预测模型相比提高了预测性能。

（2）构建了基于 Multi-Agent 的航空弹药储存布局优化模型

针对现有文献的研究不足，本书一方面基于作战环境同时考虑成本、安全和时间等多种因素对航空弹药储存点布局的共同影响,通过合作竞争博弈理论确定各种因素对航空弹药储存布局的影响权重,另一方面通过 Multi-Agent 技术对多个部门的不同意见进行协同,构建了更加符合实际特征的航空弹药储存点布局优化模型。

(3)构建了基于博弈的多目标航空弹药调运决策优化模型

针对航空弹药调运决策问题,综合考虑不同作战部队对弹药调度时间因素和安全因素需求程度的差异,通过博弈模型更加合理地对其目标函数进行描述,构建了符合实际差异化作战需求的多目标航空弹药调运决策优化模型。

(4)构建了基于 Multi-Agent 的航空弹药动态调运决策优化模型

本书一方面考虑到航空弹药保障系统的动态特征,借鉴应急资源动态调配的 Multi-Agent 方法刻画航空弹药调运过程中各部门的协同作用,另一方面考虑到交通状况和敌方攻击等不确定性因素,通过贝叶斯决策网络模型对 Agent 的各种决策方案进行评价,从而对航空弹药保障系统的运输路线和组合方案进行优化,为迅速有效地保障作战部队航空弹药需求提供了有效的参考。

(5)制定了航空弹药供应保障决策支持系统具体设计框架

目前关于航空弹药保障的决策支持系统设计的研究相对较少,仅有少数理论层面的研究。而本书从航空弹药消耗预测、储存布局优化、调运决策优化三个维度制定了详细的航空弹药供应保障决策支持系统设计框架,包括数据库设计、模型库设计、人机交互界面设计等内容。

第2章

研究理论基础

通过上一章文献综述可知,航空弹药供应保障的研究主要包括航空弹药消耗预测研究、航空弹药储存布局优化研究、航空弹药调运决策优化研究以及航空弹药决策支持系统研究。对于航空弹药消耗预测研究,本书基于人工智能算法,将邻域粗糙集(NRS)与变异粒子群算法(MPSO)融入深度神经网络(DNN),进而构造 NRS-MPSO-DNN 融合的深度学习预测方法;对于航空弹药储存布局优化和调运决策优化问题,本书主要运用 Multi-Agent 系统理论对其进行系统建模研究,并结合贝叶斯网络和遗传算法等人工智能算法进行模型求解。基于此,本章将对人工智能算法(具体包含深度神经网络、贝叶斯网络和遗传算法)、邻域粗糙集理论、Multi-Agent 系统以及决策支持系统等相关理论与基础知识进行梳理,为后面章节对于航空弹药供应保障的细化研究提供理论支持。

2.1 人工智能算法

人工智能是研究、开发用于模拟、延伸和扩展人的智能的理论、方法、技术及应用系统的技术科学。人工智能是计算机科学的分支,因此人工智能的实现主要依赖于各种具有不同功能的算法。机器学习是目前实现人工智能最主要的路径,因此机器学习领域的相关算法是人工智能算法的基础。机器学习主要涉及两类学习方法,即有监督学习和无监督学习。有监督学习利用有标识的历史数据进行训练,以实现对新数据的标识的预测,因此主要用于决策支持,具体方法包括回归和分类。无监督学习是在历史数据中发现隐藏的模式或内在结构,因此主要方法是聚类。此外,人工智能算法还包括常用的优化方法,基于人工智能的优化方法也是机器学习和深度学习经常用到的工具。综上所述,这里主要从回归方法、分类方法、聚类方法和优化方法几个方面对当前的人工智能的主要算法进行概述。在此基础上,针对本书在航空弹药消耗预测、航空弹药储存布局优化、航空弹药调运决策优化以及航空弹药决策支持系统中主要应用的人工智能算法,重点对深度神经网络、贝叶斯网络以及遗传算法等内容进行具体介绍。

2.1.1 人工智能算法概述

（1）回归方法

回归方法是一种对数值型连续随机变量进行预测和建模的监督学习算法，具体采用对误差的衡量来探索变量之间的关系。常见的回归算法主要包含以下几类：

① 线性回归

线性回归是处理回归方法中最根本的算法，该算法期望通过一个超平面拟合数据集。实践应用中，通常在简单线性回归的基础上进行正则化处理。正则化是一种对过多回归系数采取惩罚以缓解过拟合风险的技术，具体通过确定惩罚强度让模型在欠拟合和过拟合之间达到平衡。LASSO 回归、Ridge 回归 和 ElasticNet 回归是最为常见的正则化形式，分别应用了 L1 正则化、L2 正则化以及 L1 和 L2 正则化。

② 回归树

回归树用于处理输出为连续型的数据，通过将数据集重复分割为不同的分支而实现分层学习，依据最大化每次分离的信息增益划分节点。分支结构可以实现回归树对于非线性关系的学习。实践应用中通常采用集成方法，如随机森林（Random Forest，RF）或梯度提升树（Gradient Boosting Decision Tree，GBDT）均组合了许多独立训练的树。

③ 深度学习

深度学习的基础是多层神经网络，该算法使用在输入层和输出层之间的隐藏层对数据的特征进行提取和建模。通过组合低层特征形成更加抽象的高层表示属性类别或特征，以发现数据的分布式特征表示。典型的深度学习方法主要包含卷积神经网络（Convolutional Neural Network，CNN）和深度信任网络（Deep Belief Network，DBN）等，这些算法能有效地学习到高维数据。由于需要估计大量参数，深度学习相对于其他算法需要更多的样本数据。

（2）分类方法

分类方法是一种对离散型随机变量建模或预测的监督学习算法。许多回归算法都有与其相对应的分类算法,如 Logistic 回归(正则化)、分类树(集成方法)和深度学习等。除此以外,其他的分类方法主要包含以下几种:

① 支持向量机(Support Vector Machine, SVM)

支持向量机是按监督学习方式对数据进行二元分类的广义线性分类器,其决策边界是对学习样本求解的最大边距超平面。支持向量机中的核函数采用非线性变换,将非线性问题变换为线性问题。因此,支持向量机最大的优势是可以使用非线性核函数对非线性决策边界建模,克服了维数灾难和非线性可分问题。

② 朴素贝叶斯(Naive Bayes,NB)

朴素贝叶斯是一种基于贝叶斯定理和特征条件独立假设的分类方法。朴素贝叶斯和其他大多数的分类算法不同,具体通过计算样本归属于不同类别的概率来进行分类。朴素贝叶斯算法在数据较少的情况下仍然有效,可以处理多类别问题,同时算法原理相对简单,更加容易实现。

③ 人工神经网络(Artificial Neural Network,ANN)

人工神经网络简称神经网络,是一种非线性统计性数据建模工具,常用来对输入和输出间复杂的关系进行建模,或用来探索数据的模式。神经网络通常需要进行训练,训练的过程就是网络进行学习的过程。通过训练改变网络节点的连接权重使其具有分类功能,从而用于对象的识别。

(3) 聚类方法

聚类方法是一种无监督学习任务,通过对无标记训练样本的学习,发掘和揭示数据集本身潜在的结构与规律,从而将数据集的样本划分为若干个互不相交的集群。聚类的主要算法为以下几类:

① K-均值聚类

K-均值是最为常见的聚类算法,其主要思想是首先随机指定类中心,根据样本与类中心的远近划分类簇,接着重新计算类中心,迭代直至收敛。

② 近邻传播聚类(Affinity Propagation,AP)

AP 聚类算法的基本思想是将全部数据点都当作潜在的聚类中心,然后数据点两两之间连线构成一个网络,再通过网络中各条边的消息传递计算出各样本的聚类中心。

③ 层次聚类

层次聚类通过计算不同类别数据点间的相似度来创建一棵有层次的嵌套聚类树。在聚类树中,不同类别的原始数据点是树的最低层,树的顶层是一个聚类的根节点。

（4）优化方法

随着电子、通信、计算机、自动化、经济和管理等学科的发展,许多复杂的优化问题不断涌现。面对这些复杂的优化问题,传统的优化方法（如牛顿法、单纯形法等）需要遍历整个搜索空间,无法在短时间内完成搜索,且容易产生搜索的"组合爆炸"。受到人类智能、生物群体社会性以及自然现象规律的启发,用于解决上述复杂优化问题的人工智能优化算法被逐渐开发。目前基于人工智能的优化算法具体分为以下几类（包子阳 等,2016）:

① 进化类算法

自然界的生物体在遗传、选择和变异等一系列作用下,优胜劣汰,不断地由低级向高级进化和发展。针对这种"适者生存"的进化规律进行模式化构成的优化算法就是进化计算。进化计算是一系列的搜索技术,包括遗传算法、进化规划、进化策略等,在函数优化、模式识别、机器学习、神经网络训练、智能控制等众多领域都有着广泛的应用。

② 群智能算法

群智能具体指无智能的主体通过合作表现出智能行为的特性,是基于生物群体行为规律的计算技术。群智能理论研究领域主要包含蚁群算法和粒子群算法,能够在没有集中控制并且不提供全局模型的前提下,寻找复杂的分布式问题的解决方案。

③ 模拟退火算法

模拟退火算法是一种基于蒙特卡罗（Monte Carlo）迭代求解策略的随机寻优算法,其出发点是基于物理中固体物质的退火过程与一般组合优化问题之间的相似性。模拟退火算法能够为具有非确定性多项式（Non-deterministic Polynomial,NP）复杂性的问题提供有效的近似求解算法,同时克服了传统算法优化过程容易陷入局部极值的缺陷和对初值的依赖性。

④ 禁忌搜索算法

禁忌搜索算法是对局部邻域搜索的一种扩展,是一种全局逐步寻优算法,是对人类智力过程的一种模拟。禁忌搜索算法通过禁忌准则来避免重复搜索,并通过藐视准则来赦免一些被禁忌的优良状态,进而保证多样化的有效搜索,以最终实现全局优化。

2.1.2 深度神经网络

(1) 深度神经网络的概念

深度神经网络(DNN)是一种人工神经网络(ANN),它是机器学习领域中新的研究热点,通过模拟人脑构建模型进行神经网络的学习并解释数据信息。深度神经网络的运用旨在组合低阶数据特征进而形成更深层次的数据特征。

关于深度神经网络的历史最早可追溯到 20 世纪 40 年代,但当时的研究相对来说较为冷门,直到 20 世纪 80 年代,Rumelhart 等(1986)提出了基于人工神经网络的误差反向传播(Back Propagation,BP)算法,神经网络才逐渐被人认知并运用。但当时的人工神经网络采用的单层感知机不能很好地解决线性不可分等问题,使得神经网络的运用陷入沉寂。随后学者们通过构建多层感知机结合 BP 算法使得神经网络再次崛起,基于有限样本的神经网络方法逐渐增加并趋于完善,但是有关神经网络方法的研究产生一定的局限性,无法有效解决过拟合与欠拟合问题以及局部极小点问题等。20 世纪 90 年代支持向量机(SVM)出现,由于其出色的学习性能,成为继神经网络研究之后机器学习领域中新的研究热点,这使得神经网络的运用再次陷入沉寂。这种情况直到 2006 年,Hinton 等人提出深度信任网络(DBN)才使得神经网络的研究再次兴起。DBN 是一种无监督的概率生长模型,通过构建多个隐层,极大提升了深度神经网络(DNN)的学习性能,这也使得 DNN 模型的优势逐渐体现,从而掀起了深度学习(Deep Learning)的热潮。

关于 DNN 的概念,Hinton 等(2006)给出了两点思考:其一,深度神经网络具有多个隐含层,使之具有优秀的特征数据学习能力;其二,深度神经网络在样本训练过程中自身网络相关参数的设定是个难题,但可通过对多层网络的逐层初始化(Layer-wise Pre-training)解决。深度神经网络的本质是构建含有多个隐含层的深度学习模型,即在输入层和输出层之间加入多个隐含层神经元,从而对大量样本数据进行更高效的学习,以提高数据分类及预测效果。

(2) 深度神经网络的分类

深度神经网络由输入层、多个隐含层以及输出层,通过非线性网络叠加而形成。各个网络层通过编码和解码的方式进行信息的传递,编码器提供从输入层到隐含层的自底向上的映射,而解码器则是以输出层结果尽可能接近样本输入数据为目标将隐含层相关特征映射到输入层。对于深度神经网络的分类,依据网络结构和训练方法的差异,也就是编码解码情况的差异,参考尹宝才 等(2015)的研究,主要可以分为以下三大类:只包含编码器的深度神经网络,称之为前馈深度网络(Feed-Forward Deep Networks,FFDN);只包含解码器的深度神经网络,称之为反馈深度网络(Feed-Back Deep Networks,FBDN);同时包含编码器和解码器的深度神经网络,称之为双向深度网络(Bi-Directional Deep Networks,BDDN)。

① 前馈深度网络(FFDN)

前馈深度网络(FFDN)是最初的人工神经网络模型之一,它由多个编码器叠加形成。在前馈深度网络中,信息从输入层经过多个隐含层最后传输到输出层,常见的前馈深度网络有多层感知机(Multi-Layer Perceptrons,MLP)以及卷积神经网络(CNN)等。

Rosenblatt(1958)最早提出感知机的概念,随后 Minsky 等(1969)证明单层感知机无法解决线性不可分问题,而 Hornik 等(1989)、Gardner 等(1998)多位学者提出了多层感知机的普世应用价值。此外 Fukushima 等(1982)最早提出卷积神经网络的概念,LeCun 等(2010)进行了进一步的推广。卷积神经网络包含多个单层卷积神经网络,每个单层卷积神经网络又包括卷积、非线性变换和下采样三个步骤。

② 反馈深度网络(FBDN)

与前馈深度网络不同,反馈深度网络(FBDN)由多个解码器层叠加而成,通过求解反卷积对输入信息进行反解。常见的反馈深度网络有反卷积网络(Deconvolutional Networks，DN)以及层次稀疏编码网络(Hierarchical Sparse Coding，HSC)。

Zeiler 等(2010)率先提出了反卷积深度神经网络模型,该网络模型中每层信息自顶向下传递,通过滤波器组学习得到卷积特征进而重构输入信号。Yu 等(2011)率先提出层次稀疏编码网络模型,其构建方法与反卷积深经网络模型比较相似,只是在原有反卷积网络模型中进行图像分解时改用矩阵乘积的形式。

③ 双向深度网络(BDDN)

双向深度网络(BDDN)是由多个编码器和解码器叠加而成,每个网络层可能采用单独编码或解码,也可能同时含有编码及解码两个过程。双向深度网络的网络结构结合了编码器和解码器两类网络结构,其训练方法则结合了前馈深度网络和反馈深度网络的训练方法,包括单层网络的预训练和逐层反向迭代误差两个部分。常见的双向深度网络有 Hinton 等(2006)提出的深度信任网络(DBN)、Hinton 等(2009)提出的深度玻尔兹曼机(Deep Boltzmann Machines，DBM)以及 Vincent 等(2008)提出的栈式自编码器(Stacked Auto-Encoders，SAE)等。

关于深度神经网络的具体分类结果如图 2-1 所示。

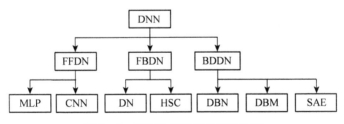

图 2-1　深度神经网络分类结构图

(3) 深度神经网络的应用

深度神经网络,相比于传统机器学习方法,拥有出色的分类与预测性能,因此近年来在文本分类、图像识别、机器翻译等多领域得到广泛运用。

在文本分类方面,陈翠平(2015)基于深度信任网络从文本信息中提取特征,并利用 softmax 分类器对提取的文本特征进行分类,实验结果表明基于深度信任网络的文本分类方法具有很好的分类预测性能;张立民 等(2015)则构建深度玻尔兹曼机模型来进行文本的预测,同时在模型中引入新的交叉嫡稀疏惩罚因子,实验结果表明,基于玻尔兹曼机的文本分类准确度很高,这表示该模型在处理文本分类问题上具有很好的可行性;郭利敏(2017)将深度卷积神经网络融入文献自动分类问题,构建了基于题名、关键词的深度卷积神经网络模型,使之实现文献自动分类,在对 7 000 多篇文献分类时证明该模型准确率很高,这表明基于深度卷积神经网络的文献自动分类方法可为文献自动分类提供必要的帮助;吴鹏 等(2017)基于卷积神经网络对微博文本进行情感分类,进而构建网络舆情情感识别模型,实验结果证明了卷积神经网络模型使得样本数据情感分类准确度很高,并且显著优于传统的支持向量机方法。

在图像识别方面,Sermanet 等(2013)基于卷积神经网络,结合多尺度滑动窗口方法,进行图像的分类,实验结果表明基于卷积神经网络的图像分类方法具有很好的分类预测性能;Russakovsky(2015)也指出采用卷积网络分类器及其变形方法进行图形分类时,其分类错误率很低;王云艳 等(2015)构造多层反卷积网络,应用于图像分类,通过对图像进行子块划分,然后对每个子块进行反卷积网络特征编码,将网络学习得到的特征放入支持向量机分类器,最终实现图像分类,研究表明该方法具有较高的分类准确率;此外,朱黎辉 等(2015)提出面向图像分类的多层感知机方法,研究表明该方法相比于传统机器学习方法增强了图像分类能力。

在机器翻译方面,Bahdanau 等(2014)提出了 RNNsearch 的模型,该模型包含一个双向循环神经网络(Recurrent Neural Network,RNN)编码器,以及一个用于单词翻译的解码器,在翻译单词时,根据该单词在文本中相关位置信息预测对应于该单词的目标单词,研究结果显示该模型具有很好的准确率;刘宇鹏 等(2017)构造了深度递归网络模型用于机器翻译,基于单词级语义错误、单语短语语义错误以及双语短语语义错误这三类信息构造网络模型的目标函数,同时考虑到对齐信息以优化深度递归网络的学习效率,在解码过程中通过生成部分翻译结果的语义向量进而得到完整的语义关系,实验结果证明了该模型的有效性。

2.1.3　贝叶斯网络

（1）贝叶斯网络的概念

贝叶斯网络也可以称为信度网络，是概率论与图论的结合，可以用于处理不确定性信息的表达和分析等过程。贝叶斯网络是一个有向无环图，由代表变量的节点及连接这些节点的有向边构成。节点代表随机变量，节点间的有向边代表了节点间的相互关系，用条件概率进行表达关系强度，没有父节点的用先验概率进行信息表达。节点变量可以是任何问题的抽象，如测试值、观测现象、意见征询等。贝叶斯网络适用于表达和分析不确定性和概率性的事件，应用于有条件地依赖多种控制因素的决策，可以从不完全、不精确或不确定的知识或信息中作出推理。

（2）贝叶斯网络的原理

从结构上来说，贝叶斯网络可以看作由节点、有向边和条件概率分布组成的有向无环图，直观地表达了各节点之间的关系。基于简化的模型，可以用一个 2 元组 (G,P) 表描述贝叶斯网络的结构，其中 $G=(V,E)$ 表示有向无环图，V 为图中节点的集合，这些节点是由实际问题进行抽象得到的随机变量，每个节点都具有各自不同的状态并且这些状态之间相互独立，E 为边的集合，用来表示节点之间的逻辑关系，这些边是有向的，都是由父节点指向其后代节点。每个节点都具有一定的概率分布（用 P 表示），这些概率表示节点之间影响关系的大小，具体来说这些概率是条件概率，用于刻画该节点受到其父节点影响的大小，如果该节点不存在父节点，说明该节点是初始节点，那么该节点的概率用先验概率进行表示。

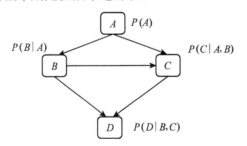

图 2-2　贝叶斯网络及其节点的条件概率表

图 2-2 描述了一个简单贝叶斯网络及其节点的条件概率表,其中 A 为根节点,由于 A 节点没有父节点,其条件概率表被先验概率代替。根据链规则,该贝叶斯网络所有节点的联合概率分布函数为

$$P(A,B,C,D)=P(A) \cdot P(B|A) \cdot P(C|A,B) \cdot P(D|B,C) \quad (2-1)$$

（3）贝叶斯网络的应用

贝叶斯理论是处理不确定性信息的重要工具。作为一种基于概率的不确定性推理方法,贝叶斯网络在处理不确定信息的智能化系统中得到了重要的应用,已成功地用于医疗诊断、统计决策、专家系统、学习预测等人工智能领域。例如,通过临床指标与专家经验开发医学专家系统,辅助医生提高诊断效率;通过开发教学辅导系统,评估学生的领域知识;通过当前知识预测极端天气、预测油价波动、预测森林火灾等事件;以及通过贝叶斯网络解决自动语音识别等问题。除此以外,贝叶斯网络也被广泛应用于因果学习、数据挖掘、基因分析、调度规划及自然语言处理等人工智能领域。

2.1.4 遗传算法

（1）遗传算法的概念

遗传算法由美国的约翰·霍兰德(John Holland)教授于 1975 年提出,是基于生物在自然环境中的遗传选择和淘汰进化过程,通过模型进行描述而形成的一种算法。遗传算法的思想源于生物遗传学和适者生存的自然规律,是具有“生存＋检测”迭代过程的随机化搜索算法。遗传算法以群体中的所有个体为对象,利用随机化技术指导对被编码的参数空间进行高效搜索。其中,选择、交叉和变异实现了遗传过程的操作,其核心内容具体包含参数编码、初始群体设定、适应度函数设计、遗传操作设计、控制参数设定等要素。

相对于其他搜索算法来说,遗传算法主要具有以下特点(曲永超,2009):直接对结构对象进行操作,不存在求导和函数连续性的限定;具有内在的隐式并行性和更好的全局寻优能力;采用概率化的寻优方法,能自动获取和指导优化的搜索空间,自适应地调整搜索方向,不需要确定的规则。作为一种新的全局优化搜索算法,遗传算法以其简单通用、鲁棒性强、适于并行处

理以及高效、实用等性质,在组合优化、机器学习、信号处理、自适应控制和人工生命等领域得到了广泛应用,逐渐成为现代智能计算的关键技术之一。

（2）遗传算法的原理

遗传算法通过具有自适应的全局优化概率搜索,将选择、交叉、变异等遗传算子通过一定规则作用于编码的染色体搜索,通过自然界中优胜劣汰的法则筛选具有较高期望的编码,而对期望较低的染色体进行删除,从而对于整个空间进行搜索得到最优解。标准的遗传算法可以用 8 元组来描述:$GA=(C,E,P_0,M,\Phi,\Gamma,\Psi,T)$,其中 C 是编码方法,E 是适应度函数,P_0 为初始种群,M 是种群大小,Φ 是选择算子,Γ 是交叉算子,Ψ 是变异算子,T 是终止条件。学者们利用不同的算子可以构成不同的遗传算法,但是都具有相似之处,根据 Holland(1992)遗传算法基本步骤如下:

① 将各种参数通过给定的编码规则编译成染色体结构;

② 根据需求定义不同的适应度函数;

③ 确定种群大小、交叉概率、变异概率等遗传参数;

④ 通过选择、交叉、变异等不同算子进行组合确定遗传策略;

⑤ 生成初始种群并计算每个个体的适应度值;

⑥ 运用选择算子、交叉算子和变异算子对种群进行遗传和变异,生成下一代种群;

⑦ 判断是否满足设定的条件,或者达到给定的遗传次数,否则返回重新计算。

（3）遗传算法的应用

由于遗传算法的整体搜索策略和优化搜索方法在计算时不依赖于梯度信息或其他辅助知识,而只需要影响搜索方向的目标函数和相应的适应度函数,所以遗传算法提供了一种求解复杂系统问题的通用框架。因此,遗传算法不依赖于问题的具体领域,对问题的种类有很强的鲁棒性。

目前遗传算法的主要应用领域是优化问题,具体包括函数优化、组合优化、神经进化等(曲永超,2009;段莹 等,2009)。其中,函数优化是遗传算法的经典应用领域,也是遗传算法进行性能评价的常用算例。函数优化的形式复杂多样,如连续函数和离散函数、凸函数和凹函数、低维函数和高维函数、单峰函数和多峰函数等,对于非线性、多模型、多目标的函数优化问题,运用遗传算法可以方便地得到较好的结果;随着问题规模的增大,组合优化问题的搜索空间也急剧增大,此时通过枚举法很难求出最优解,而遗传算法对于组合优化中的 NP 问题非常有效,在求解旅行商问题、背包问题、装箱问题、图形划分问题等方面得到成功的应用;神经进化是将神经网络与遗传算法相结合的人工智能主要领域,神经网络的作用是充当应用程序的大脑,而遗传算法则充当优化程序,从而优化训练过程。

此外,遗传算法可以快速定位广阔复杂空间的搜索过程,因此搜索问题也是遗传算法的重要应用领域,具体包括局部遗传算法和 A-Star 算法等。对于 A-Star 之类的搜索算法需要良好的启发式函数才能实现最佳执行,但是这些函数通常相对复杂,因此无法获得准确结果并且存在巨大的时间延迟。此时,遗传算法可以自动进行优化以提供良好的准确性和较低的计算量。

2.2 邻域粗糙集

2.2.1 邻域粗糙集基本概念

邻域粗糙集(Neighborhood Rough Set,NRS)是为了解决经典粗糙集不便于处理数值型属性的数据集合而提出的。参考胡清华 等(2008)的研究,邻域粗糙集的基本概念包括邻域的定义、上近似、下近似、正域、负域、依赖度、重要度。

在给定实数空间 Ω 上的非空有限集合 $U=\{x_1,x_2,\cdots,x_n\}$,对 $\forall x_i$ 的邻域 δ 定义为:

$$\delta(x_i)=\{x\,|\,x\in U,\Delta(x_i,x_j)\leqslant\delta\} \tag{2-2}$$

其中 $\delta\geqslant0$。

给定实数空间 Ω 上的非空有限集合 $U=\{x_1,x_2,\cdots,x_n\}$ 及其上的邻域关系 N,即二元组 $NS=(U,N)$,$\forall X\subseteq U$,则 X 在邻域近似空间 $NS=(U,N)$ 中的上近似和下近似分别为:

$$\overline{N}X = \{x_i \,|\, \delta(x_i) \bigcap X \neq \varnothing, x_i \in U\} \qquad (2-3)$$

$$\underline{N}X = \{x_i \,|\, \delta(x_i) \subseteq X, x_i \in U\} \qquad (2-4)$$

则可以得出 X 的近似边界为：

$$BN(X) = \overline{N}X - \underline{N}X \qquad (2-5)$$

定义 X 的下近似 $\underline{N}X$ 为正域，与 X 完全无关的区域为负域，正域和负域分别表示为：

$$Pos(X) = \underline{N}X \qquad (2-6)$$

$$Neg(X) = U - \overline{N}X \qquad (2-7)$$

对于一个邻域决策系统 $DS = (U, A, V, f)$，$U = \{x_1, x_2, \cdots, x_n\}$ 为论域，也就是研究对象的全体，n 表示论域中的样本个数；$A = C \bigcup D$ 表示属性集合 $\{a_1, a_2, \cdots, a_m\}$，其中 C 为条件属性，D 表示决策属性，m 表示数据集的属性数；V 为各属性值 V_a 的集合，V_a 是指属性 a 的所有取值所构成的集合；$f = U \times A \rightarrow V$ 为信息函数，表示样本、属性和属性值之间的映射关系。对于 $\forall B \subseteq C$，则决策属性 D 关于子集 B 的上、下近似分别为：

$$\overline{N}_B D = \bigcup_{i=1}^{N} \overline{N}_B X_i \qquad (2-8)$$

$$\underline{N}_B D = \bigcup_{i=1}^{N} \underline{N}_B X_i \qquad (2-9)$$

其中，

$$\overline{N}_B D = \{x_i \,|\, \delta_B(x_i) \bigcap X \neq \varnothing, x_i \in U\} \qquad (2-10)$$

$$\underline{N}_B X = \{x_i \,|\, \delta_B(x_i) \subseteq X, x_i \in U\} \qquad (2-11)$$

同样可以得出决策系统的边界为：

$$BN(D) = \overline{N}_B D - \underline{N}_B D \qquad (2-12)$$

则邻域决策系统的正域和负域分别为：

$$Pos_B(D) = \underline{N}_B D \qquad (2-13)$$

$$Neg_B(D) = U - \overline{N}_B D \qquad (2-14)$$

决策属性 D 对条件属性 B 的依赖度为：

$$\gamma_B(D) = |Pos_B(D)| / |U| \qquad (2-15)$$

其中 $|\cdot|$ 表示集合的基数，即集合内元素的个数。决策属性集对条件属性集的依赖度就是由条件属性子集所确定的正域集合在论域 U 中的比例。

在决策属性中,条件属性对决策属性的影响程度就是属性的重要度。常见的计算属性重要度的方法有基于信息熵的方法、基于互信息的方法以及基于属性依赖度的方法(李楠,2011)。基于属性依赖度的计算方法具体又可以分为两种,其中一种是删除属性情况下的方法:

在邻域决策系统 $DS=(U,A,V,f)$ 中,对于 $\forall B\subseteq C$,若属性 $a\in B$,则条件属性 a 对于决策属性 D 的重要度定义为:

$$Sig(a,B,D)=\gamma_B(D)-\gamma_{B-\{a\}}(D) \qquad (2-16)$$

由公式可知,属性重要度反映了条件属性对决策属性的贡献程度,属性 a 对于决策属性 D 的重要度即为从条件属性集 B 中删除属性 a 后,决策属性 D 对条件属性 B 依赖度减小的程度。

另外一种是增加属性情况下的计算方法:

同样在邻域决策系统 $DS=(U,A,V,f)$ 中,若属性 $a\in C$,但 $a\notin B$,那么条件属性 a 相对于条件属性集 B 对于决策属性 D 的重要度定义为:

$$Sig(a,B,D)=\gamma_{B\cup\{a\}}(D)-\gamma_B(D) \qquad (2-17)$$

同样由公式可知,属性 a 对于决策属性 D 的重要性即为条件属性集 B 中增加属性 a 后,决策属性 D 对条件属性集 B 依赖度增加的程度。

总体而言,属性重要度取值在 0 和 1 之间,属性重要度越大表明属性越重要,而当属性重要度为 0 时则表明该属性为冗余属性。属性重要度是单调变化的,常被运用在属性的约简中。

2.2.2 邻域粗糙集属性约简

邻域粗糙集属性约简就是将冗余的属性删除但又不影响决策系统本身的决策能力。同样参考胡清华 等(2008)的研究,给定一个知识库 $K=(U,R)$ 和其上的一簇等价关系 $P\subseteq R$,且 $P\neq\varnothing$,则 $\bigcap P$ 仍然是论域 U 上的一个等价关系,称为 P 上的不可分辨关系,记为 $IND(P)$,简记为 P。

对任意的 $G\subseteq P$,若 G 满足以下两个条件:

①G 是独立的(G 中每一个元素必不可少);

②$IND(G)=IND(P)$(不影响知识库的划分)。

则称 G 是 P 的一个约简,记作 $G\in Red(P)$。其中 $Red(P)$ 表示 P 的全

体约简组成的集合。

给定一个知识库 $K=(U,R)$ 和其上的一簇等价关系 $P\subseteq R$，对任意的 $Q\in P$，若 Q 满足：

$$IND(P-\{Q\})\neq IND(P) \tag{2-18}$$

则称 Q 为 P 中必要的，P 中所有必要的知识所组成的集合即为 P 的核，记作 $Core(P)$。

通常情况下，属性的约简方式并不唯一，可以有多个约简的集合。但知识系统的核只有一个，是众多约简集合的交集，是所有约简计算的基础。在约简过程中，属性的核是不能被删除的，否则将减弱邻域决策系统的分类能力。

给定邻域决策系统 $DS=(U,A,V,f)$，其中 $A=C\cup D$，对于 $\forall B\subseteq C$，若条件属性子集 B 满足以下两个条件：

①$Pos_B(D)=Pos_C(D)$，条件属性子集 B 和 C 分类能力相同；

②$Sig(a,B,D)>0$，条件属性子集 B 中没有冗余。

以上条件显示条件属性子集 B 是条件属性集 C 的一个相对约简。

2.2.3　邻域粗糙集发展概述

近几年来，随着计算机技术的迅猛发展，电子数据迅猛增加，对大量电子数据的高效储存、高效运输以及快速处理成为必须面对的问题。如何从庞大的数据中通过统计分类、特征抽取等技术分析方法获取或发现有价值的信息愈加迫切和重要，为此得到了越来越多学者们的关注。波兰华沙理工大学教授 Pawlak(1982)首次提出经典粗糙集理论，粗糙集属于数据挖掘领域的一个基础理论，能客观地挖掘出数据内部的价值信息。将数据通过一定的规则进行提炼，进而得出数据的内涵信息，上述的作用也就是粗糙集理论的规则提取以及数据约简。

粗糙集的属性约简方法通常包括基于正域的属性约简算法(Tsang et al.，2008)、基于信息熵的属性约简算法(Chen et al.，2011)以及基于差别矩阵的属性约简算法(Chen et al.，2012)等。虽然粗糙集理论发展迅速，但其应用范围存在局限性。由于基于粗糙集的属性约简方法只能处理离散型的数据,而不能处理连续型数据,因而数据预处理时需要对连续型数据首先进行离散化处理,然而该处理过程不仅增加了数据分析的任务量,还很有可能会导致部分数据的失真。因此在面对庞杂的数据量时,经典粗糙集理论显然已无法满足数据处理的日常需求。针对此,已有部分学者对经典粗糙集理论进行了适当的改进和完善。例如 Lin 等(1990)首次在经典粗糙集理论的基础上引入邻域的思想,将粗糙集和邻域融合,该思想为邻域粗糙集理论提供了基础;此外 Yao(1998)分析了粗糙集算子以及邻域算子的性质;胡清华 等(2008)构建了基于邻域粗糙集理论的属性约简算法模型,并且提出了基于邻域粗糙集理论的混合数据快速约简算法。

近年来,邻域粗糙集理论发展迅速并在数据分析领域得到广泛运用。邻域粗糙集算法的目的是为了有效处理异构特征子集选择问题,该算法模型考虑了将依赖度函数作为特征子集分类能力的度量方式。通过设置邻域参数,便于处理和分析初始状态为混合型数据的数据类型,因此在运用邻域粗糙集算法进行数据处理前便不再需要对数据进行离散化处理从而防止数据失真,这显著提高了属性约简的性能,因此得到了学者们的广泛关注和应用,如 Yong 等(2014)、Kumar 等(2015)、Chen 等(2016)、Kumar 等(2017)、陈文刚(2017)。

2.3 Multi-Agent 系统

2.3.1 Multi-Agent 系统概念

Multi-Agent 系统是由多个 Agent 组成的系统集合,不同 Agent 相互协调共同完成任务。Multi-Agent 系统旨在把复杂的系统化简为能够相互协调的一个个相对较小的且方便管理的系统(彭滨 等,2011)。各个 Agent 分别独立完成任务,具有自己特定的目标,系统中的其他 Agent 并不会对其行为产生限制,但是各 Agent 之间需要通过通信和协同化解系统中的冲突。

Ferber(1999)认为一个 Multi-Agent 系统(如图 2-3)包括以下几个组成部分:

（1）环境 E。通常是一个空间。

（2）对象集合 O。对象集合 O 中的对象可在环境 E 中定位，即在给定时刻对象集合 O 中的对象可以与环境 E 中任一其他对象相关联。

（3）Agent 集合 A。Agent 集合 A 是特定的对象（对象集合 O 的子集），表示系统中某些特殊的、在系统中处于活动状态的对象。

（4）关系集合 R。表示连接不同对象（Agent）的关系的集合。

（5）操作集合 Op。Agent 集合 A 中的 Agent 可以感知、生产、转换和操纵对象集合 O 中对象的操作集合。

Multi-Agent 系统根据研究问题所需的系统局部细节、智能体的反应规则和各种局部行为就可以构造出具有复杂系统结构和功能的系统模型。

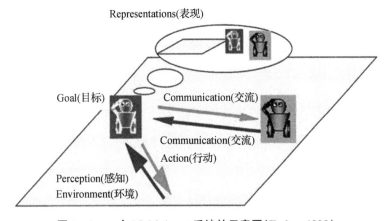

图 2 - 3　一个 **Multi-Agent 系统的示意图（Ferber，1999）**

2.3.2　Multi-Agent 系统研究内容

Multi-Agent 系统研究涉及的内容较广，参考范颖（2011）的研究，需要从以下几个方面进行探索：

（1）Agent 性质。对于 Multi-Agent 系统中每个 Agent 的研究，主要考虑各 Agent 的结构和行为等方面的个体性质。

（2）Multi-Agent 系统。主要关注 Multi-Agent 系统整体的特征，具体包括 Multi-Agent 系统的结构、Agent 之间通信、Agent 之间协同以及 Multi-Agent 的整体规划等特征。

（3）某些特定系统组织。主要涉及开放系统、Multi-Agent 组织结构设计、智能协同的信息系统以及参照实际市场的机制等。

（4）设计与开发。主要包括建造 Multi-Agent 系统、具体实现设计的工具以及 Multi-Agent 系统技术实现、系统的应用等。

2.3.3 Multi-Agent 系统特点

Multi-Agent 系统是多个 Agent 组成的集合，因此与单个 Agent 相比，具有更多属性，参考徐廷学 等（2011）和刘相娟 等（2012）的研究，具体特点为：

（1）自治性。对于 Multi-Agent 系统，Agent 之间的交互并不是随便进行的，某个 Agent 的任务只有找到与之相对应的 Agent 才能够接受，如果其他 Agent 不存在处理该请求的能力，则不会建立交互联系。

（2）协作性。在 Multi-Agent 系统中，每个 Agent 都具有各自不同的目标，因此各个 Agent 必须通过相互协作，才能够共同完成最终的目的。

（3）社会性。对于 Multi-Agent 系统，各个 Agent 通过各种各样的通信相互交流信息，从而各 Multi-Agent 之间可以产生合作、协同和竞争等复杂关系。

（4）交互性。交互性也叫反应性，Multi-Agent 系统中每个 Agent 都能够与环境交互作用，能够感知其所处的环境，并借助自己的行为结构，对环境作出适当的反应。

（5）适应性。能够把新建立的 Agent 融入已经建立的系统中而不需要对原有的 Multi-Agent 系统进行重新设计，因而 Multi-Agent 系统具有很强的适应性和可拓展性。

（6）智能性。Multi-Agent 强调理性作用，可以作为描述机器智能、动物智能和人类智能的统一模型。Multi-Agent 的功能具有较高的智能性，而这种智能往往是构成社会智能的一部分。

在实际应用中，Multi-Agent 系统可以具有以上全部或部分特征，也可以根据实际需要，具有一些其他的特性，如实时性、移动性等。

2.3.4 Multi-Agent 系统优势

Multi-Agent 系统应用广泛,而且对于实际问题的解决具有特定的优势,参考彭滨 等(2011)的研究,具体如下:

(1) 在 Multi-Agent 系统中通过面向对象的方法构建系统,这样可以生成具有多层次和多元化的 Agent,能够将一个复杂的系统进行简化。

(2) Multi-Agent 系统中每个 Agent 都是异质的,设计者可以通过不同的原理对其进行开发,每一部分通过分布式结构完成各自功能。

(3) 在 Multi-Agent 系统中,尽管各个 Agent 独立完成各自的目标,但是对于系统层有一个共同的任务,它们之间通过相互通信进行协同,从而使最终目标的解决效率得以提高。

(4) Multi-Agent 系统更具模块性,相对大型系统而言更加容易扩展,因而弥补了大型系统对于管理上的不足,能够有效降低系统成本。

(5) 传统应用人工智能的系统只能由单一专家进行问题的解决,而 Multi-Agent 系统可以充分调用不同领域的专家共同解决一个问题,相对传统的系统而言,Multi-Agent 系统具有更高的性能。

(6) Multi-Agent 系统由多个 Agent 组成,每个 Agent 都具有自己的行为和功能,能够单独解决某一个问题,并且与其他 Agent 进行交互共同影响整个系统。

(7) Multi-Agent 系统中各个 Agent 都有自己的进程,因而每个 Agent 具有异步性,可以分别执行单独的进程。

(8) Multi-Agent 系统通过信息集成方法,将各个 Agent 的通信信息和协同信息等集成在一起,共同完成复杂系统的集成。

2.3.5 Multi-Agent 系统建模方法

Multi-Agent 系统理论的最大贡献在于其提供了一种从底层"自下而上"的建模研究方法,通过仿真重现真实世界的复杂现象。其核心是通过反映个体结构功能的局部细节模型与全局表现之间的循环反馈和校正,进而研究局部的细节变化如何凸显出复杂的全局行为。其核心思想是"适应产生复杂性",主要体现在四个方面：

（1）Agent 是主动的、活的实体，这也正是 Multi-Agent 系统理论区别于其他建模方法的关键所在。

（2）Agent 与 Agent、Agent 与环境之间的相互影响和作用（即适应性）是系统演化的主要动力源。

（3）将宏观和微观有机地联系起来。

（4）引入随机因素的作用，使它具有更强的描述和表达能力。

Multi-Agent 系统根据研究问题所需的系统局部细节、Agent 的反应规则和各种局部行为就可以构造出具有复杂系统结构和功能的 Multi-Agent 系统模型。虽然其中的微观个体行为可能比较简单，但通过微观个体之间相互作用而引起的全局行为却可能极其复杂。在 Multi-Agent 系统中，微观个体的行为和交互作用所表现出来的全局行为以非线性的方式涌现出来。个体行为的组合决定着全局行为，反而言之，全局行为又决定了个体进行决策的环境。具体建模涉及个体 Agent 的推理、事务的分解和分配、多 Agent 规划、各成员 Agent 的目标行为的一致性、冲突的识别与消解、建立其他 Agent 的模型、通信管理、资源管理、适应与学习、移动及系统的安全、负载平衡等内容。

2.3.6　Multi-Agent 系统应用

Multi-Agent 系统是研究复杂性科学的重要方法，通过构建适应性、协同性、学习性等功能的 Agent，能够更加符合实际地分析复杂系统的行为特征，因此 Multi-Agent 系统在各个领域都有广泛的应用。以经济系统为例，由于经济系统具有难以量化、充满不确定因素、状态难以预测、具有智能主体等多方面的复杂特征，因此很难使用传统工具进行建模分析，而基于 Multi-Agent 的系统建模方法能够很好地解决这个问题。随着 Arthur 等（1997）提出首个基于 Multi-Agent 的人工股票系统以来，学者们便基于 Multi-Agent 系统理论展开了对经济系统进一步的探索，如 Wu 等（2015）研究了基于 Multi-Agent 的股票网络系统；Xu 等（2017）探讨了基于 Multi-Agent 的银行网络系统；Ma 等（2018）则分析了基于 Multi-Agent 的企业经济系统。此外,Hafezi 等(2015)、Aymanns 等(2015)、Golzadeh 等(2018)学者也基于 Multi-Agent 系统理论对经济系统进行了较为深入的研究。Multi-Agent 系统理论作为分析社会问题的一个重要途径,学者们还研究了社会系统中大量个体或组织之间的相互作用及其影响效果。如 Verwater-Lukszo 等(2006)假定社会公共基础设施网络是一个复杂的 Multi-Agent 系统,系统运作过程中可能由于超负荷出现意外事故,因此应用复杂适应Multi-Agent 系统理论的模型和研究方法,可以增加公共基础设施的运作管理能力。另外,学者们还对港口物流协同机制(吴价宝 等,2014)、公共服务治理(唐刚 等,2016)等问题进行了深入探讨。

2.4 决策支持系统

2.4.1 决策支持系统的概念及特征

决策支持系统(Decision Support System,DSS)是基于控制论、运筹学、行为学和管理学等多种交叉学科的复杂系统,具体通过计算机技术进行仿真分析具有半结构化的决策问题,是一种智能的人机交互系统。该系统能够为决策者提供所需的数据和信息,帮助决策者认识需要决策的问题和目标,建立决策模型,并通过模型求解给出能够解决问题的几种备选方案,进而将各种方案进行比较分析,选择最优的方案提供给决策者,还可以通过人机交互界面,满足决策者对于目标问题的各种必要的技术支持,实现决策者的设想,满足决策者的要求。

通常来说,决策支持系统具有如下的特征:

(1) 能够为决策者提供有效的问题解决方案,辅助决策者进行决策,但并不是完全代替决策者。

(2) 具有人机交互功能,能够方便不熟悉计算机操作的决策者使用。

(3) 能够随着环境变化灵活改变决策方案,具有很强的适应性。

(4) 充分融合了模型与计算机技术,既能够满足专业需求,又方便操作。

2.4.2 决策支持系统的基本结构

决策支持系统主要由四部分组成:第一部分是数据仓库及综合管理系统,第二部分是模型库,第三部分是规则库,第四部分是人机交互界面。各部分都具有各自的优势,但是相互之间又紧密联系,共同为决策者提供最优的选择方案。决策支持系统总体框架如图 2-4 所示。

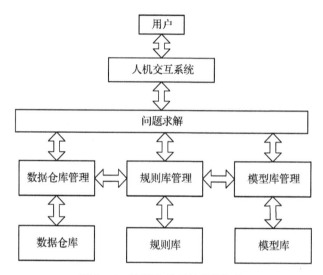

图 2-4 决策支持系统总体框架

(1) 数据仓库

数据仓库从多个数据源中获取数据,经过清洗、分类后,储存在数据仓库中,通过数据加载工具,为决策支持提供数据信息。在具体主题下,根据具体要求获取不同维度的数据,分析维度数据的层次,建立事实表和维度表,实现制导弹药数据仓库,为制导弹药决策提供数据支持。

(2) 模型库

模型管理是指通过建立、储存、撷取、执行与维护必要的决策模型来进行决策评判。模型管理系统是本系统子模块,提供工具与环境来支持决策模型的发展、储存及使用。主要内容有模型库、模型库管理系统、模型目录、模型开发环境、模型执行环境和解模器。

模型管理主要功能是能够实现模型与数据、主题分开,能够对同一个主题和数据采用不同模型进行决策。

（3）规则库

规则库提供决策支持系统使用保障业务规则的表示和储存。它主要提供业务规则的储存和推理两大功能，即业务规则的储存机制与推理机制。规则库是决策支持系统运行的基础。目前规则库一般是采用逻辑方法实现的，即利用计算机的基本信息处理功能，记录决策支持系统规则最基本的逻辑关系。

（4）人机交互界面

人机交互界面根据用户选择主题要求从底层数据仓库、模型库和规则库获得所需数据、模型和规则，同时借助联机分析处理（Online Analytical Processing，OLAP）技术和数据挖掘（Data Mining，DM）技术，将分析结果以表格、直方图、饼图、曲线图等多种方式显示给用户。

2.4.3　决策支持系统发展概述

20 世纪 60 至 70 年代是决策支持系统的萌芽发展期。Simon（1960）提出了决策的 3 个阶段：情报、设计和选择，这被称为 Simon 决策模型。Simon 将组织的决策行为划分为程序化决策和非程序化决策，并由此奠定了 DSS 最初提出的理论基础。Gorry 等（1971）依托 Simon 的决策理论，提出了决策支持系统的概念，并将决策支持系统描述为"遵循 Simon 决策模型，支持结构化与半结构化决策的信息系统"。

80 年代是决策支持系统的快速发展期。80 年代初，人们将决策支持系统模型库中的决策方法分离出来，组成方法库，实现模型与方法的分离储存，形成了三库结构。随后又将人工智能技术引入决策支持系统，更加智能化的系统构成了知识库，因此三库结构演变成了四库系统，其中方法库系统是通过程序对各种决策进行管理和维护的方法和算法构成的系统。知识库系统是有关规则、因果关系及经验等知识的获取、解释、表示、推理及管理与维护的系统。如何获取知识对于知识库系统来说是一个很难解决的问题，但是对于这个问题专家系统能够很好地解决。五库结构系统包含文字库、知识库、方法库、模型库和数据库，它是指对决策者以自然语言或过程式语言输入的信息进行处理,将文字信息转化为响应的过程信息,完成数据查询、模型计算、知识推理等功能。

80年代中后期,群体决策支持系统(DeSanctis et al.,1987)成为学者们重点关注的方向。基于群体决策支持系统的相关理论知识,相对于个人来说,通过对多人的联合咨询,逐步剖析出问题的根源,然后提出建设化意见和相应的可实行方案,并对方案进行评级,最终协商得出一致性决策,整个流程就可称之为群体决策。群体决策的相关方案部分属于非结构化的范畴,因此便很难使用结构化的方法提供有效的决策支持方案。一般来说,群体决策支持系统本身就是一个相对复杂的组合系统,因此其具体的运行机制、方式及演化模式等存在着紧密联系。群体决策支持系统的构建就是为了能够提供一种切实可行的决策建议,进而通过适当的组织进行信息沟通和讨论。

此外,人工神经元网络及机器学习等技术的研究与应用为知识的学习与获取开辟了一条新的路径。专家系统与决策支持系统的组合模式,通过有机结合专家系统定性分析以及决策支持系统定量分析的优势,进而形成智能决策支持系统(Teghem et al.,1989)。智能决策支持系统属于数值分析和知识处理的集成体,相较于决策支持系统来说,便于解决半结构化和非结构化的技术难题。

另外,随着计算机技术的日益进步,人们更加注重依托先进的计算机技术使之适应更高的决策层次以及更加复杂的决策环境。计算机支持的主要研究对象不仅限于单一决策者,抑或是单一决策群体,而是既具有一定的独立性又存在相互关联的决策组织。分布式决策支持系统(Swanson,1990)应运而生,它是在集中式决策支持系统基础上进一步构建,能够同时实现分布决策、分布系统和分布支持等功能。分布式决策支持系统同时在计算机网络中的每个节点处都设置了一个决策支持系统或者设置多个具有帮助进行决策的功能,因而分布式决策支持系统效率更高,而且更加具有安全性和共享性。

90年代以来是决策支持系统的优化及稳定发展期。由于90年代初期出现了3个强有力的技术:数据仓库、联机分析处理以及数据挖掘(Shim et al.，2002），将数据仓库、数据开采和模型库等有机组合进而构建综合决策支持系统，这属于更高级形式的决策支持系统。90 年代末期，DSS 的重要发展是由于人机交互方式的改变，诞生了基于 Web 的 DSS（Bhargava et al.，2007）。20 世纪以来，DSS 发展相对稳定，对 DSS 的研究更多地集中在具体应用的开发上，而不是对基础支撑理论、模型与算法的探讨，且大多数 DSS 使用的还是 90 年代初期就引入的数据仓库及联机分析处理等技术。

总之，DSS 概念在随着计算机技术、决策学以及社会经济的发展不断地发展、完善，由最初的基于过程，发展到基于模型，到现在则更多的是基于模型库和知识库的决策支持系统，并且不断地加强了对整个决策的全过程支持能力。

2.5　本章小结

本章对人工智能算法、邻域粗糙集理论、Multi-Agent 系统理论以及决策支持系统等相关内容进行知识梳理，为后续章节中航空弹药消耗预测问题研究、航空弹药储存布局优化问题研究、航空弹药储运决策优化问题研究以及航空弹药决策支持系统研究提供相应的理论支持。首先，本章重点介绍了后续章节主要应用的深度神经网络、贝叶斯网络和遗传算法等人工智能算法，从基本概念和应用现状等方面对其进行了概述；其次，本章梳理了邻域粗糙集的基本概念、属性约简方法及理论发展概况；再次，详细阐述了Multi-Agent 系统理论的概念、研究内容、系统特点、系统优势、系统建模方法以及应用现状；最后，对于决策支持系统从概念、特征、结构及发展历程等角度展开了描述。

第3章

航空弹药消耗预测模型研究

由第 1 章 1.2.1 小节相关文献综述可知,针对航空弹药消耗预测问题,目前主要运用多元线性回归、神经网络以及灰色预测等传统模型进行研究。考虑到航空弹药消耗受到国际局势、国家战略发展需要往往呈现出非线性发展态势,同时传统的神经网络主要是基于传统统计学知识解决样本无穷大问题,并且灰色模型对于非线性问题很难得到精确的预测结果,因此现有的预测模型具有一定的局限性,不能很好地解决航空弹药消耗预测问题。

深度学习(Deep Learning)作为机器学习领域一个新的研究方法,由于具有较好的学习性能,并且能有效解决非线性等实际问题,近年来在机器翻译(Cho et al.,2014)、图像预测(Nguyen et al.,2015)、金融市场预测(苏治等,2017)、文献分类预测(郭利敏,2017)等多领域得到广泛应用。基于此,参考 Wan 等(2015)和 Jiang 等(2017)的研究,构造深度神经网络(DNN)来解决航空弹药消耗预测问题。但考虑到神经网络容易陷入局部最优值问题,参考李松 等(2012)的研究,基于变异粒子群算法(MPSO)优化神经网络相关参数,同时还考虑到粗糙集(Rough Set,RS)属性约简能够消除冗余信息提高预测性能(刘双印 等,2015;汪莹 等,2017),基于此,本章考虑将邻域粗糙集(NRS)和变异粒子群算法(MPSO)融入深度神经网络(DNN),进而构造基于 NRS-MPSO-DNN 融合的深度学习预测模型来解决航空弹药消耗预测问题。

本章首先依据航空弹药消耗方式进行分类,其次分析训练消耗影响因素,在此基础上利用邻域粗糙集的变量选择方法对航空弹药消耗的影响因素进行属性约简,筛选出一些有代表性的影响因素,然后对这些有代表性的变量进行深度学习,获得预测值,最后以航空弹药训练消耗历史数据为基础,计算其他预测模型的预测误差,比较不同模型的预测性能。

3.1　航空弹药消耗方式分类

随着科学技术的进步,战争模式的快速转换要求航空弹药的供给能动态完全满足航空部队的需要,而作为动态工作满足的基本条件就是对航空弹药消耗进行合理估计和预测。特别是航空弹药作为一种全程消耗的军需品,其供应保障的效率日益成为军方决策者关注的重点和焦点。航空弹药的消耗,特别是对未来一段时间的消耗估计是航空弹药供应链建立和运作的直接动力。了解航空弹药的消耗变化规律是研究其供应链运作方式、最优库存控制水平、弹药供应可靠性、弹药紧急补充方式的前提。

根据一般弹药消耗模式理论,可将航空弹药总消耗分解为战时消耗、训练消耗和自然损耗(到期销毁)3 种基本消耗类型,具体如图 3-1 所示。

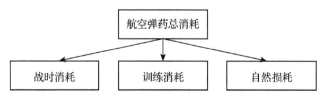

图 3-1 航空弹药消耗构成图

对于航空弹药消耗的规律一般可以利用多年消耗的历史数据记录,进而通过数理统计的方法进行统计、分析、归纳,找到航空弹药消耗的一般规律。而训练消耗由于每个时期基本情况不同、政治背景不同以及武器装备和火力不同等导致不能简单地对航空弹药的训练消耗进行多元线性分析,而需要建立多因素影响的非线性模型。在此背景下本章将引入深度学习预测模型,建立航空弹药消耗预测模型。

航空弹药消耗中还包括战时消耗,考虑到我国自 1978 年改革开放以来一直致力于建设富强民主和谐的社会主义国家,与邻国求同存异、和睦相处,并无战时弹药消耗,缺乏战时消耗的历史数据,故航空弹药战时消耗并不是本章研究的重点。

3.2 航空弹药消耗预测模型构建

根据航空弹药消耗的一般规律可知,航空弹药的训练消耗一般受训练强度大小(包括训练次数和训练天数)、训练规模大小(出动飞机架次和参与训练人数)以及现有弹药训练储备量(弹药种类及数量)决定;而航空弹药的战时消耗与训练消耗存在很大的不同,属于战争状态下的集中消耗,一般由战时消耗需求(目标毁伤任务量、运输损耗量、战时维修消耗量)以及战时储备量(弹药种类及数量)共同决定,其具体影响因素如图 3-2 所示。而这些自变量会受到国际局势、地缘政治以及国家发展战略等宏观因素影响,往往呈现出非线性发展的态势,因此运用一般的多元线性回归很难解决航空弹药训练消耗预测问题。

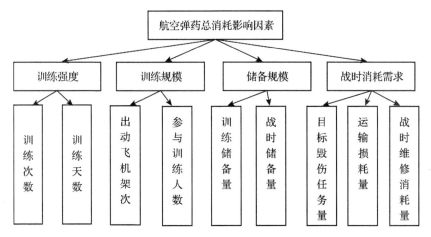

图 3 - 2　航空弹药训练消耗影响因素构成图

针对此,本章提出基于 NRS-MPSO-DNN 融合的深度学习预测模型来对航空弹药消耗进行回归预测。同时,为了减轻神经网络学习与预测的负担,使用邻域粗糙集对原始数据进行属性约简,通过消除冗余信息进而提高算法预测的精度,以期获得更好的预测性能。基于此,参考李楠(2011)、李松 等(2012)以及孙倩(2016)的研究,本章构建基于 NRS-MPSO-DNN 融合的航空弹药消耗预测模型,其建模思路如图 3 - 3 所示。

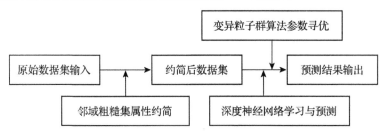

图 3 - 3　基于 NRS-MPSO-DNN 融合的航空弹药消耗预测模型

3.2.1　邻域粗糙集属性约简

对于一个邻域决策系统 $DS=(U,A,V,f)$,$U=\{x_1,x_2,\cdots,x_n\}$ 为论域,也就是研究对象的全体,n 表示论域中的样本个数,本章的样本数据为深度神经网络训练集数据,包括 1991 年至 2010 年共 20 年的数据,也即 $n=20$;$A=C\cup D$ 表示属性集合$\{a_1,a_2,\cdots,a_m\}$，其中C为条件属性，包括训练次数、训练天数、出动飞机架次、参与训练人数、训练储备量、战时储备量、目标毁伤任务量、运输损耗量以及战时维修消耗量；D表示决策属性，为弹药消耗指数；m表示数据集的属性数目，$m=9$；V为属性值V_a的集合，$V=\bigcup\limits_{a\in C\cup D}V_a$，$V_a$是指属性$a$所有取值所构成的集合；$f=U\times A\to V$为信息函数，表示样本、属性和属性值之间的映射关系。

在决策系统中，定义对决策属性的影响起到关键作用的条件属性为重要属性，而对决策属性作用很小的条件属性是冗余的。因此根据条件属性对决策属性的影响程度定义属性重要性为：对于邻域决策系统$DS=(U,A,V,f)$，$\forall B\subseteq C$如果属性$a\in B$，则条件属性a对于决策属性D的重要性定义为$Sig(a,B,D)=\gamma_B(D)-\gamma_{B-\{a\}}(D)$，其中$\gamma_B(D)$表示决策属性$D$对条件属性子集$B$的依赖度，且有$\gamma_B(D)=|Pos_B(D)|/|U|$，其中$Pos_B(D)$为条件属性子集$B$所确定的正域集合。属性重要性反映了条件属性对决策属性的贡献程度，属性重要性取值在0和1之间，属性重要性越大表明属性越重要，而当属性重要性为0时则表明该属性为冗余属性。若条件属性子集B满足$Pos_B(D)=Pos_C(D)$且$Sig(a,B,D)>0$，则表明条件属性子集B是条件属性集C的一个相对约简。邻域粗糙集属性约简就是将冗余的属性删除但又不影响决策系统本身的决策能力，其约简方法使用的是前向贪心算法，主要算法模型如图3-4所示。

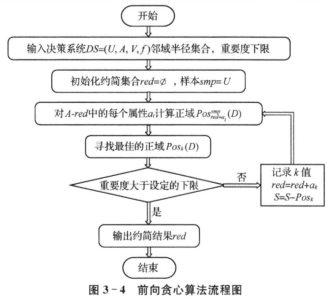

图3-4　前向贪心算法流程图

3.2.2　深度神经网络预测模型

（1）深度神经网络结构

在邻域粗糙集属性约简基础上构造深度神经网络预测模型。本章采用的深度神经网络为四层 BP 神经网络，它属于深度信任网络的一种，由一个输入层、两个隐含层以及一个输出层组成，位于同一层的神经单元彼此之间不相互连接，并由低层向高层逐步传递信息，其具体网络结构如图 3-5 所示。

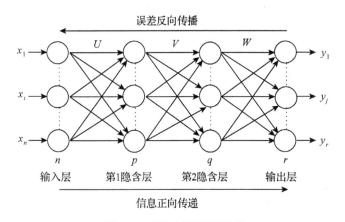

图 3-5　深度神经网络结构

在图 3-5 中，输入向量为 $x=(x_1,x_2,\cdots,x_n)$，输出向量为 $y=(y_1,y_2,\cdots,y_r)$，输入层有 n 个神经元，第 1 隐含层有 p 个神经元，第 2 隐含层有 q 个神经元，输出层有 r 个神经元，U 表示输入层与第 1 隐含层之间的连接权重，V 表示第 1 隐含层与第 2 隐含层之间的连接权重，W 表示第 2 隐含层与输出层之间的连接权重。

（2）深度神经网络算法

深度神经网络的学习过程采用的是有监督的学习机制，通过输入层输入样本数据，通过正向传播，经过第 1 隐含层和第 2 隐含层的计算，最后传输到输出层，并将神经网络的输出结果与期望输出比较，计算相应误差，若误差不满足精度要求，则将计算误差反向传播，分摊给各层的所有神经元，适时调节并修正不同网络层的权值和阈值，直到误差满足精度或达到最大学习次数停止。

在具体构建深度神经网络算法过程中,我们假设输入层有 n 个神经元,第 1 隐含层有 p 个神经元,第 2 隐含层有 q 个神经元,输出层有 r 个神经元。输入层输入向量为 $\boldsymbol{x}=(x_1,x_2,\cdots,x_n)$;第 1 隐含层输入向量为 $\boldsymbol{hb}=(hb_1,hb_2,\cdots,hb_p)$,第 1 隐含层输出向量为 $\boldsymbol{ho}=(ho_1,ho_2,\cdots,ho_p)$;第 2 隐含层输入向量为 $\boldsymbol{gb}=(gb_1,gb_2,\cdots,gb_q)$,第 2 隐含层输出向量为 $\boldsymbol{go}=(go_1,go_2,\cdots,go_q)$;输出层输入向量为 $\boldsymbol{yb}=(yb_1,yb_2,\cdots,yb_r)$,输出层输出向量为 $\boldsymbol{yo}=(yo_1,yo_2,\cdots,yo_r)$;实际期望输出为 $d=(d_1,d_2,\cdots,d_r)$;输入层与第 1 隐含层之间的权值为 u_{is},第 1 隐含层各神经元阈值为 b_s,其中 $i=1,2,\cdots,n$,$s=1,2,\cdots,p$;第 1 隐含层与第 2 隐含层之间的权值为 v_{st},第 2 隐含层各神经元阈值为 b_t,其中 $s=1,2,\cdots,p,t=1,2,\cdots,q$;第 2 隐含层与输出层之间的权值为 w_{tj},输出层各神经元阈值为 b_j,其中 $t=1,2,\cdots,q,j=1,2,\cdots,r$;第 1 隐含层激活函数为 $f_1(\cdot)$,第 2 隐含层激活函数为 $f_2(\cdot)$,输出层激活函数为 $f_3(\cdot)$,常用的激活函数包括线性函数 purelin、正切函数 tansig、对数 S 型函数 logsig 以及校正线性单元函数 ReLU。

深度神经网络算法具体步骤如下所示:

第 1 步,进行网络的初始化设置。用 $(-1,1)$ 之间的随机数对深度神经网络各个层的权值和阈值分别进行相应初始化,设定误差函数为 e,计算精度为 ε,学习速率为 η 以及最大学习次数为 M。

第 2 步,随机选取第 k 次输入样本 $x(k)$ 以及对应的实际期望输出 $d(k)$,如下所示:

$$x(k)=(x_1(k),x_2(k),\cdots,x_n(k)) \tag{3-1}$$

$$d(k)=(d_1(k),d_2(k),\cdots,d_r(k)) \tag{3-2}$$

第 3 步,计算深度神经网络中第 1 隐含层、第 2 隐含层以及输出层的输入向量和输出向量,具体计算公式如下所示:

$$\boldsymbol{hb}_s(k)=\sum_{i=1}^n u_{is}x_i(k)+b_s \quad (s=1,2,\cdots,p) \tag{3-3}$$

$$\boldsymbol{ho}_s(k)=f_1(hb_s(k)) \quad (s=1,2,\cdots,p) \tag{3-4}$$

$$\boldsymbol{gb}_t(k)=\sum_{s=1}^p v_{st}ho_s(k)+b_t \quad (t=1,2,\cdots,q) \tag{3-5}$$

$$\boldsymbol{go}_t(k) = f_2(gb_t(k)) \quad (t=1,2,\cdots,q) \tag{3-6}$$

$$\boldsymbol{yb}_j(k) = \sum_{t=1}^{q} w_{tj} go_t(k) + b_j \quad (j=1,2,\cdots,r) \tag{3-7}$$

$$\boldsymbol{yo}_j(k) = f_3(yb_j(k)) \quad (j=1,2,\cdots,r) \tag{3-8}$$

第 4 步,基于网络模型期望输出以及实际输出结果,计算误差函数对不同层各神经元偏导数。

这里首先给定误差函数如下:

$$e = \frac{1}{2}\sum_{j=1}^{r}(d_j(k) - yo_j(k))^2 \tag{3-9}$$

误差函数 e 对输出层各神经元求偏导,公式如下:

$$
\begin{aligned}
\frac{\partial e}{\partial yb_j(k)} &= \frac{\partial\left(\dfrac{1}{2}\sum\limits_{j=1}^{r}(d_j(k)-yo_j(k))^2\right)}{\partial yb_j(k)} \\
&= -(d_j(k)-yo_j(k))yo'_j(k) \\
&= -(d_j(k)-yo_j(k))f'_3(yb_j(k)) \\
&= \delta_j(k)
\end{aligned}
\tag{3-10}
$$

误差函数 e 对第 2 隐含层各神经元求偏导,公式如下:

$$
\begin{aligned}
\frac{\partial e}{\partial gb_t(k)} &= \frac{\partial\left(\dfrac{1}{2}\sum\limits_{j=1}^{r}(d_j(k)-yo_j(k))^2\right)}{\partial go_t(k)}\frac{\partial go_t(k)}{\partial gb_t(k)} \\
&= \frac{\partial\left(\dfrac{1}{2}\sum\limits_{j=1}^{r}(d_j(k)-f_3(yb_j(k)))^2\right)}{\partial go_t(k)}\frac{\partial go_t(k)}{\partial gb_t(k)} \\
&= \frac{\partial\left(\dfrac{1}{2}\sum\limits_{j=1}^{r}\left(d_j(k)-f_3\left(\sum\limits_{t=1}^{q}w_{tj}go_t(k)+b_j\right)\right)^2\right)}{\partial go_t(k)}\frac{\partial go_t(k)}{\partial gb_t(k)} \\
&= -\sum_{j=1}^{r}(d_j(k)-yo_j(k))f'_3(yb_j(k))w_{tj}\cdot\frac{\partial go_t(k)}{\partial gb_t(k)} \\
&= -\left(\sum_{j=1}^{r}\delta_t(k)w_{tj}\right)f'_2(gb_t(k)) \\
&= \delta_t(k)
\end{aligned}
\tag{3-11}
$$

误差函数 e 对第 1 隐含层各神经元求偏导,公式如下:

$$\frac{\partial e}{\partial hb_s(k)} = \frac{\partial e}{\partial gb_t(k)} \frac{\partial gb_t(k)}{\partial hb_s(k)}$$

$$= \delta_t(k) \frac{\partial \left(\sum\limits_{s=1}^{p} v_{st} ho_s(k) + b_t \right)}{\partial hb_s(k)}$$

$$= \delta_t(k) \frac{\partial \left(\sum\limits_{s=1}^{p} v_{st} f_1(hb_s(k)) + b_t \right)}{\partial hb_s(k)} \tag{3-12}$$

$$= \delta_t(k) v_{st} f_1'(hb_s(k))$$

$$= \delta_s(k)$$

第 5 步,基于输出层各神经元的 $\delta_j(k)$ 和第 2 隐含层各神经元的输出来修正两者之间的权值 w_{tj}:

由于:

$$\frac{\partial e}{\partial w_{tj}} = \frac{\partial e}{\partial yb_j} \frac{\partial yb_j}{\partial w_{tj}} \tag{3-13}$$

且有:

$$\frac{\partial yb_j}{\partial w_{tj}} = \frac{\partial \left(\sum\limits_{t=1}^{q} w_{tj} go_t(k) + b_j \right)}{\partial w_{tj}} = go_t(k) \tag{3-14}$$

则有:

$$\Delta w_{tj} = \eta \frac{\partial e}{\partial w_{tj}} = \eta \frac{\partial e}{\partial yb_j} \frac{\partial yb_j}{\partial w_{tj}} = \eta \hat{p}_j(k) go_t(k) \tag{3-15}$$

$$w_{tj}^{N+1} = w_{tj}^{N} + \eta \hat{p}_j(k) go_t(k) \tag{3-16}$$

其中, η 表示学习速率。

第 6 步,基于第 2 隐含层各神经元的 $\delta_t(k)$ 和第 1 隐含层各神经元的输出来修正两者之间的权值 v_{st}:

$$\Delta v_{st} = \eta \frac{\partial e}{\partial v_{st}} = \eta \frac{\partial e}{\partial gb_t} \frac{\partial gb_t}{\partial v_{st}} = \eta \hat{p}_t(k) ho_s(k) \tag{3-17}$$

$$v_{st}^{N+1} = v_{st}^{N} + \eta \hat{p}_t(k) ho_s(k) \tag{3-18}$$

第 7 步,基于第 1 隐含层各神经元的 $\delta_s(k)$ 和输入层各神经元的输出来修正两者之间的权值 u_{is}:

$$\Delta u_{is} = \eta \frac{\partial e}{\partial u_{is}} = \eta \frac{\partial e}{\partial hb_s} \frac{\partial hb_s}{\partial u_{is}} = \eta \hat{\delta}_s(k) x_i(k) \tag{3-17}$$

$$u_{is}^{N+1} = u_{is}^N + \eta \hat{\delta}_s(k) x_i(k) \tag{3-18}$$

第 8 步，同理，可以得到输出层各神经元阈值 b_j、第 2 隐含层各神经元阈值 b_t 以及第 1 隐含层各神经元阈值 b_s 的变化分别如下：

$$\Delta b_j(k) = \eta \hat{\delta}_j(k) \tag{3-19}$$

$$\Delta b_t(k) = \eta \hat{\delta}_t(k) \tag{3-20}$$

$$\Delta b_s(k) = \eta \hat{\delta}_s(k) \tag{3-21}$$

第 9 步，计算全局误差，公式如下：

$$E = \frac{1}{2m} \sum_{k=1}^{m} \sum_{j=1}^{r} (d_j(k) - yo_j(k))^2 \tag{3-22}$$

第 10 步，当误差小于预设精度 ε 或达到最大学习次数 M 时网络算法结束，否则返回第 2 步进行下一轮学习训练。

3.2.3　变异粒子群算法优化深度神经网络

考虑到上述深度神经网络算法是严格按照误差梯度下降的原则调整各层神经元权值和阈值，这会导致网络训练进入平坦区后误差下降缓慢影响收敛速度，此外存在多个极小值点会使得网络训练陷入局部极值而非全局最优，基于此，本书引入自适应变异算子，改进传统粒子群算法，进而优化深度神经网络的权值和阈值。

对于一个传统粒子群算法（Particle Swarm Optimization，PSO），假设由 T 个粒子组成的种群 $Z = (Z_1, Z_2, \cdots, Z_T)$，其中第 i 个粒子在 S 维空间中的位置表示为向量 $Z_i = (z_{i1}, z_{i2}, \cdots, z_{iS})$，表示一个问题的潜在解，根据目标函数可求得每个粒子的适应度，第 i 个粒子速度记为 $V_i = (V_{i1}, V_{i2}, \cdots, V_{iS})$，个体极值记为 $P_i = (P_{i1}, P_{i2}, \cdots, P_{iS})$，种群全局极值记为 $P_g = (P_{g1}, P_{g2}, \cdots, P_{gS})$。

在每次迭代过程中，粒子速度和位置更新公式如下：

$$V_{id}(k+1) = \beta V_{id}(k) + c_1 r_1 (P_{id}(k) - z_{id}(k)) + c_2 r_2 (P_{gd}(k) - z_{id}(k)) \tag{3-23}$$

$$z_{id}(k+1) = z_{id}(k) + V_{id}(k+1) \qquad (3-24)$$

其中,β表示惯性权重;$d = 1,2,\cdots,S$;$i = 1,2,\cdots,T$;k为当前迭代次数;V_{id}为粒子速度;c_1、c_2为非负常数,表示加速因子;r_1、r_2为$(0,1)$之间随机数。

在使用变异粒子群算法优化深度神经网络时,将深度神经网络各层所有权值和阈值作为单个粒子的位置序列,粒子的维度S为所有权值和阈值的总个数,在优化过程中,将深度神经网络的误差作为改进粒子群算法的适应度函数,其具体计算公式如下:

$$fit_i = \frac{1}{2} \sum_{j=1}^{r} (d_j(k) - yo_j(k))^2 \qquad (3-25)$$

当误差小于预设精度ε或达到最大学习次数M时优化过程结束,同时将群体最优位置序列P_g代入深度神经网络中,作为网络各层的权值和阈值。最后使用优化过后的深度神经网络对测试集数据进行预测。

基于改进粒子群算法优化神经网络的具体步骤如下所示:

第1步,初始化深度神经网络和粒子群。初始化网络结构,设定计算精度ε,学习速率η,最大迭代次数M。设置种群粒子个数T,维度S,以$(-1,1)$之间的随机数随机生成粒子群的速度序列和位置序列,并设置惯性权重、加速因子、自适应变异算子变异概率。

第2步,依据训练集数据计算每个粒子Z_i的适应度值,适应度函数如公式$(3-25)$所示,根据初始粒子适应度确定个体极值和初始全局极值。

第3步,在每一迭代过程中,依据式$(3-23)$和式$(3-24)$通过个体极值和种群全局极值更新粒子自身的速度和位置。

第4步,引入简单自适应变异算子,在粒子每次更新后以一定概率重新初始化粒子,并重新计算新粒子适应度值,进一步更新粒子最优位置P_i以及全局最优位置P_g。

第5步,当误差小于预设精度ε或达到最大学习次数M时优化过程结束,同时将群体最优位置序列P_g代入深度神经网络中,作为网络各层的权值和阈值。

第6步,依据优化过后的深度神经网络对测试集数据进行预测进而得到相应的预测值。

3.3　案例分析

3.3.1　数据预处理

考虑到我国自 1978 年改革开放以来一直致力于建设富强民主和谐的社会主义国家,与邻国求同存异、和睦相处,并无战时弹药消耗,缺乏战时消耗的历史数据,基于此,本章以弹药训练消耗历史数据为例,来验证上述构建模型的预测性能。本章收集 1991 年至 2015 年某部队航空弹药训练消耗影响因素及弹药消耗指数相关数据,自变量包括训练次数、训练天数、出动飞机架次、参与训练人数、训练弹药储备量,因变量为弹药消耗指数。以前 20 年数据作为训练集数据,并对后 5 年数据进行预测。

3.3.2　邻域粗糙集属性约简

首先对前 20 年训练集数据进行邻域粗糙集属性约简。对于一个邻域决策系统 $DS = (U, A, V, f)$,$U = \{x_1, x_2, \cdots, x_{20}\}$ 为论域,属性集合 $A = \{a_1, a_2, \cdots, a_6\}$,其中条件属性 $C = \{a_1, a_2, a_3, a_4, a_5\}$,分别表示训练次数 a_1、训练天数 a_2、出动飞机架次 a_3、参与训练人数 a_4、训练弹药储备量 a_5,决策属性 $D = \{a_6\}$ 为弹药消耗指数 a_6,基于 MATLAB 软件对训练集数据进行属性约简,将属性重要度低于 0.1 的条件属性进行约简,最终得到约简后属性及相应属性重要度如表 3-1 所示。

表 3-1　邻域粗糙集属性约简结果

条件属性	a_2	a_5	a_1
属性重要度	0.35	0.45	0.50

由表 3-1 可知,条件属性(出动飞机架次 a_3 和参与训练人数 a_4)属于冗余属性被约简掉,约简后的属性包括训练天数 a_2、训练弹药储备量 a_5 和训练次数 a_1,且属性重要度依次提高。这表明条件属性中训练天数、训练弹药储备量和训练次数对于决策属性弹药消耗指数的影响起到了关键作用,且训

练次数作用最大;而相比之下条件属性中出动飞机架次和参与训练人数的作用很小或没有什么用,我们认为这些属性是冗余的,因此通过邻域粗糙集对这两个属性进行了约简。

3.3.3 变异粒子群算法优化深度神经网络预测

依据约简后数据建立训练集 $T = \{(x_1, y_1), (x_2, y_2), \cdots, (x_{20}, y_{20})\} \in (R^n \times y)^l$,其中 $x_i = \{x_i^1, x_i^2, x_i^3\}$,分别为训练天数、训练弹药储备量和训练次数,输出 y_i 为弹药消耗指数。同时建立测试集 $T = \{(x_{21}, y_{21}), (x_{22}, y_{22}), (x_{23}, y_{23}), (x_{24}, y_{24}), (x_{25}, y_{25})\} \in (R^n \times y)^l$。

以前 20 年数据作为训练集数据,本章选用 3-3-1-1 的四层深度神经网络,即设置 $n = 3, p = 3, q = 1, r = 1$,同时参考李松 等(2012)、孙倩(2016)、宫晓莉 等(2017)的研究,设置计算精度 ε 为 0.000 01,学习速率 η 为 0.01,最大迭代次数 M 为 10 000 次;并设置种群粒子个数 T 为 50,维度 S 为 18,以 $(-1, 1)$ 之间的随机数随机生成粒子群的速度序列和位置序列,还设置惯性权重 β 为 0.9,加速因子 $c_1 = c_2 = 1.494\ 45$,自适应变异算子变异概率为 0.05。

通过上述参数设置,并且考虑到各隐含层以及输出层的激活函数对神经网络预测精度有较大影响,因此需要确定各层的激活函数,即确定第 1 隐含层激活函数 $f_1(\cdot)$、第 2 隐含层激活函数 $f_2(\cdot)$ 以及输出层激活函数 $f_3(\cdot)$,激活函数包括线性函数 purelin、正切函数 tansig、对数 S 型函数 logsig 以及校正线性单元函数 ReLU,共有 64 种分配计算方案。运用 MATLAB 软件进行各层激活函数的寻优,结果表明第 1 隐含层激活函数 $f_1(\cdot)$ 选取 ReLU 函数、第 2 隐含层激活函数 $f_2(\cdot)$ 选取 purelin 函数、输出层激活函数 $f_3(\cdot)$ 选取 purelin 函数时,使得深度神经网络模型对于训练集数据的误差最小,此时各层权值和阈值依次分别为 0.70、0.58、0.84、0.66、0.59、0.28、0.17、0.26、0.77、0.19、0.91、0.40、0.42、0.87、0.19、0.47、0.67、0.02,且最小均方误差 $MSE = 0.006$,其中 MSE 计算公式如下:

$$MSE = \frac{1}{n} \sqrt{\sum_{t=1}^{n} (y_t - \hat{y}_t)^2} \qquad (3-26)$$

最后基于 MATLAB 程序对测试集数据进行预测,得到最终的预测值 y_i = $\{y_{21}, y_{22}, y_{23}, y_{24}, y_{25}\}$ = $\{3.681\ 6, 3.480\ 0, 3.703\ 4, 3.712\ 7, 3.738\ 0\}$。

由此,通过 NRS-MPSO-DNN 模型计算得到某部队航空弹药训练消耗 1991 年至 2010 年的回归值以及 2011 年至 2015 年的预测值,结果如表 3-2 所示。由此可知,NRS-MPSO-DNN 模型所得结果相对误差很小,可以很好反映该部队航空弹药训练消耗情况。

表 3-2　某部队航空弹药训练消耗回归及预测结果

年份	实际值	回归及预测值	相对误差
1991	2.2	2.292 7	0.042 1
1992	2.2	2.292 7	0.042 1
1993	2.2	2.292 7	0.042 1
1994	2.3	2.364 3	0.028 0
1995	2.32	2.378 6	0.025 3
1996	2.46	2.530 2	0.028 5
1997	2.54	2.594 8	0.021 6
1998	2.8	2.805 4	0.001 9
1999	3	2.948 4	−0.017 2
2000	3	2.948 4	−0.017 2
2001	3	3.012 0	0.004 0
2002	3.21	3.159 5	−0.015 7
2003	3.52	3.487 9	−0.009 1
2004	3.56	3.501 8	−0.016 3
2005	3.5	3.480 0	−0.005 7
2006	3.51	3.515 2	0.001 5
2007	3.43	3.382 1	−0.014 0
2008	3.72	3.639 9	−0.021 5
2009	3.73	3.650 7	−0.021 3
2010	3.74	3.662 5	−0.020 7
2011	3.74	3.681 6	−0.015 6
2012	3.5	3.480 0	−0.005 7
2013	3.69	3.703 4	0.003 6
2014	3.69	3.712 7	0.006 2
2015	3.73	3.738 0	0.002 1

3.3.4 NRS-MPSO-DNN 模型与传统预测模型比较

本章构建了基于邻域粗糙集与变异粒子群算法优化的深度神经网络预测模型（即 NRS-MPSO-DNN 模型），但与未引入自适应变异算子的 NRS-PSO-DNN 模型、未经粒子群算法优化的 NRS-DNN 模型、未经邻域粗糙集属性约简的 DNN 模型以及传统的 BP 神经网络模型相比，NRS-MPSO-DNN 组合预测模型是否能够有效提高模型预测精度还有待进一步检验。基于此，对于 NRS-PSO-DNN 模型和 NRS-DNN 模型，在原有数据及模型基础上，分别不设置粒子群变异以及不进行粒子群优化，然后进行相应模型训练与预测；而对于 DNN 模型和 BP 神经网络模型，本章重新构造训练集和测试集，同样以前 20 年数据作为训练集，后 5 年数据作为测试集，其中训练集的自变量 $x_i = \{x_i^1, x_i^2, x_i^3, x_i^4, x_i^5\}$，分别为训练次数、训练天数、出动飞机架次、参与训练人数、训练弹药储备量，同时输出 y_i 为弹药消耗指数，并进行相应模型训练与预测。

最后的预测结果与 NRS-MPSO-DNN 模型比较如表 3-3 所示。由此可知，基于 NRS-MPSO-DNN 融合的深度学习预测模型相较于其他预测模型，其预测精度得到了显著提高，进而获得更好的预测性能。

表 3-3　NRS-MPSO-DNN 模型与其他预测模型误差比较

年份	实际值	NRS-MPSO-DNN	NRS-PSO-DNN	NRS-DNN	DNN	BP
2011	3.74	3.681 6	3.649 1	3.612 8	3.689 4	3.757 4
2012	3.50	3.480 0	3.456 5	3.424 2	3.651 8	3.464 6
2013	3.69	3.703 4	3.660 7	3.625 7	3.659 0	3.780 9
2014	3.69	3.712 7	3.667 3	3.635 9	3.638 6	3.820 1
2015	3.73	3.738 0	3.691 7	3.662 8	3.649 9	3.880 0
均方误差		0.013 5	0.022 8	0.036 6	0.037 7	0.044 4

3.4　本章小结

　　航空弹药消耗预测问题是航空弹药供应保障中的焦点和难点,本章结合航空弹药训练消耗的特点,将邻域粗糙集和变异粒子群算法融入深度神经网络,进而构造基于 NRS-MPSO-DNN 融合的深度学习预测模型来解决航空弹药消耗预测问题。考虑到我国无战时弹药消耗数据,本章以弹药训练消耗历史数据为例来检验模型的预测精度。先通过邻域粗糙集将 5 个初始影响因素约简为 3 个核心影响因素,以此训练集运用深度神经网络进行回归学习,并运用变异粒子群算法优化神经网络各层权值和阈值。最后基于最优的权值和阈值来预测航空弹药训练消耗。实证研究表明,该深度学习预测模型预测结果与实际数据吻合度较高,且与其他预测模型相比具有更好的预测性能。

第4章

航空弹药储存布局优化模型研究

在研究了航空弹药消耗预测问题的基础上,本章将继续对航空弹药储存问题进行深入探讨。作战部队能够顺利地完成任务首先需要有效并且可靠的储存保障系统的支持。从有效性方面来说,作战单位只有在正确的时间、正确的地点及时地接收到充足的航空弹药,才能发挥最大的作战能力。从可靠性方面来说,在战争中储存保障系统一直是敌方重点打击的战略目标,而且随着信息技术的应用与普及,越来越多的高精度侦察装备与远程打击武器被开发出来并装备部队,使得战场上的储存保障系统面临越来越多的打击,导致大量物资在储存和运输过程中损失。航空弹药储存点的布局不仅要根据平时训练需要进行常用储存点选择和调整,还需要设置战时备用储存点,以保证在作战环境下紧急开放从而满足航空弹药调运需求。因此,结合作战地区的地形、交通运输条件和安全情况,对航空弹药的储存点进行合理的布局和配置,以最少的成本保证作战部队航空弹药的需求,是作战胜利的重要条件。

4.1　问题描述及解决思路

由于航空弹药的需求状况、作战区域地理位置、部队运输条件和经费预算等各种不确定性以及平时和战时储存布局环境的区别,需要在作战区域内合理布局,设置平时常用航空弹药储存点和战时备用航空弹药储存点。那么,在已有的客观条件下,设置多少储存点,各储存点的最优储量是多少,如何设置储存点的布局,才能使建设和运输费用最少,军事经济效益最高,对作战部队的保障效果最好,正是本章所要研究的航空弹药储存点布局优化问题。

航空弹药储存点布局优化是以军事和经济效益为目标,运用系统学的理论和系统工程的方法,综合考虑航空弹药供需状况、运输条件、自然环境、敌人破坏程度等因素以及平时和战时的供应区别,对航空弹药储存点的设置位置、规模、供应区域等进行研究和设计。

航空弹药储存点布局优化属于选址问题,本章分别从作战部队需求 Agent 和航空弹药保障 Agent 两个角度对航空弹药储存点布局问题进行研究,需要同时优化多个目标,属于多目标优化的选址问题。对于多目标优化选址问题的求解,目前已经有多种方法,本章选取权重系数法,分别对需求 Agent 和保障 Agent 的目标赋予不同的权重,通过对不同影响因素进行线性加权作为航空弹药布局优化问题的目标函数,如此处理之后将多目标化简为单目标优化选址问题进行求解。对于目标函数权重的确定,本章首先介绍了 Multi-Agent 方法在权重确定过程中的应用,在此基础上进一步引入合作竞争博弈模型,并通过基于博弈模型的 Multi-Agent 方法对目标函数的权重进行确定。

虽然作战部队需求 Agent 和航空弹药保障 Agent 的需求不相同,但也并不是完全不相关,满足这些需求的条件可能是相互统一的,也可能是相互矛盾的,这就需要在不同目标之间进行权衡。Agent 之间的通信方式有黑板模式、联邦模式、广播模式和点到点模式四种,对于分布式问题的求解,黑板模式通信方式是最常用的方法,本章借鉴黑板模式的思路,通过指挥 Agent 来实现黑板的功能,基于 Multi-Agent 的思路建立一种航空弹药储存点布局优化模型,完成航空弹药需求 Agent 和航空弹药保障 Agent 之间的协作。

Multi-Agent 具有明显的自治性和协同性,各个 Agent 具有独立的目标,并各自解决问题,但同时所有 Agent 构成一个整体,通过通信协同处理问题。首先根据资料和实际情况分别从航空弹药保障 Agent 和作战部队需求 Agent 的角度确定航空弹药储存点的影响因素,然后航空弹药保障 Agent 和作战部队需求 Agent 的决策者根据自身需求分别对影响因素的重要程度进行打分,指挥 Agent 对打分结果进行统计归纳,并将结果以及对方 Agent 的打分策略返还给航空弹药保障 Agent 和航空弹药需求 Agent 的决策者,决策者得到统计结果后,根据对方 Agent 的打分策略,修改自己的打分,并将新的结果提交给指挥 Agent 进行统计归纳,如此重复直到航空弹药保障 Agent 和作战部队需求 Agent 的意见统一。得到影响因素的权重之后,指挥 Agent 根据各影响因素的权重确定目标函数,通过遗传算法对模型所提出的目标函数进行优化求解,最后根据运算结果确定最佳布局方案。

4.2 航空弹药储存布局优化模型构建

4.2.1 模型影响因素

（1）航空弹药储存布局要求

航空弹药布局对于军队建设来说具有长期性，建设地点一旦选定，投入精力和财力，短时间内很难改变，因此决策中通常要坚持综合性、协调性、经济性和战略性等原则，并且满足以下要求：

① 能够快速满足作战需求

航空弹药储存点必须符合作战需求，这是由二者之间的相互关系和储存保障系统的根本目的及本质属性共同决定的。另外，航空弹药如何能快速送到作战部队人员手中对于战争的胜负至关重要。航空弹药的运输是影响弹药送达时间的关键因素，合理的弹药储存点布局，会减少不必要的中转环节，有利于运输车辆来回运转，从而提高作战保障能力。

② 能够符合安全要求

优化储存点布局的目的在于合理地布局航空弹药保障力量，最大限度地发挥其作用，更加有效地完成任务。安全是确定储存点布局方案的重要条件，如果安全得不到保障，那么航空弹药需求就不能实现，因此，储存点的布局一定要符合利于安全的要求，航空弹药储存点是否利于安全是检验布局方案是否正确的重要标志。

③ 储存点布局兼顾成本

从整个部队的角度考虑，航空弹药储存点的建设成本也是需要考虑的重要因素，这关系到部队的长远建设。另外，在航空弹药补给运输过程中，运输花费的多少也是衡量部队保障单位工作能力的重要指标。因此，合理的航空弹药储存点布局会减少用于建设储存点和运输弹药的成本，这也是作为衡量布局是否合理的重要指标之一。

④ 同时满足平时和战时需求

平时作战训练是保证军队作战水平必不可少的条件，因此航空弹药储存点的布局首先需要满足平时训练的需求,将其设置为平时常用弹药储存点,常年处于开放供应状态,用于储存平时训练所需的航空弹药。同时,对于战时突发情况的考虑也不容半点疏忽,因此在设置平时常用储存点之外,还需要进一步设置战时备用储存点,平时并不需要处于开放供应的状态,但是可以在战时以备不时之需。

（2）模型影响因素

本章节的模型主要涉及航空弹药保障 Agent 和作战部队需求 Agent,它们关注的重点不尽相同,航空弹药保障 Agent 更加侧重弹药布局的成本,而作战部队需求 Agent 更加在意弹药是否安全送达以及到达时间,但总的来说可以概括为成本要素、安全要素和时间要素三个方面。

① 成本要素

建设成本:将航空弹药储存点建在不同的地区会导致在建设成本方面有很大的差异,从储存点安全的角度考虑,需要尽量建设在地形复杂、地貌崎岖的偏远位置,而这些地区的建设成本显然更高,因此需要权衡处理储存点安全性和建设成本问题。

运输成本:运输成本的多少直接由运输距离决定,通过合理地布局,可以使航空弹药储存点与各需求点的距离尽量缩短,降低运输成本。

② 安全要素

运输损耗:由于航空弹药本身易燃易爆的特征以及战场上敌方打击等不确定因素给航空弹药在输送过程中带来的损失,弹药从储存点到需求点所需的时间越长,其损耗的可能性越大。

储存损耗:航空弹药储存点是战场打击的重要对象,储存点的弹药损耗由储存点的地形地貌和地理位置等隐蔽情况决定,隐蔽情况不容易直接量化,需要领域专家进行打分。

③ 时间要素

保障距离:航空弹药储存点与需求点之间的距离直接决定运输的时间,距离越远则运输时间越久,弹药需求的保障越难得到满足。

交通情况:短距离的航空弹药运输主要通过公路进行,因此交通情况主要由储存点附近的道路数量以及每条道路的宽度和拥堵程度等道路质量决定,交通情况同样能够影响弹药运达需求点的时间。

4.2.2　航空弹药储存布局优化模型

假如 $m_i(i=1,2,\cdots,m)$ 是作战区域中一系列可供选择的航空弹药储存点,需要注意的是,这里的 m 个可供选择的储存点既包括平时常用存储点也包括战时备用存储点,当以满足平时训练为目标进行布局选择时,可以从 m 个点中选择目标数量的储存点进行建设;当以满足开设战时备用储存点为目标进行选择时,可以在原有目标数量的基础上,增加一部分目标储存点作为战时备用储存点进行建设。如果选定在备选点 i 建设储存点,则 $m_i=1$,否则 $m_i=0$;s_i 表示储存点 i 所储存的航空弹药数量;$n_j(j=1,2,\cdots,n)$ 为作战部队航空弹药需求点;d_j 表示作战部队需求点 j 所需要的航空弹药数量;r_{ij} 表示弹药储存点 i 运输到部队需求点 j 之间的运输关系,如果存在运输关系,则 $r_{ij}=1$,否则 $r_{ij}=0$;c_{ij} 表示弹药储存点 i 到部队需求点 j 单位距离单位弹药数量的运费;f_i 表示航空弹药储存点 i 需要的建设费用;l_{ij} 表示弹药储存点 i 到部队需求点 j 的距离;v_{ij} 表示弹药储存点 i 到部队需求点 j 的运输速度;η_i 表示弹药储存点 i 的交通状况,具体由该交通部门的专家确定,基准值为 $\eta_i=1$,若交通状况好于基准值则 $\eta_i>1$,反之则 $\eta_i<1$;g_{ij} 表示弹药储存点 i 到部队需求点 j 单位距离单位数量的运输损耗程度;h_i 表示航空弹药储存点 i 的隐蔽程度,由该领域专家确定,$1-h_i$ 表示航空弹药储存点 i 的损耗程度;$w_k(k=1,2,\cdots,6)$ 为由 Multi-Agent 模型协同决定的各影响因素的权重。

根据航空弹药布局优化模型中的影响因素,本章节的目标包括成本、安全和时间三个方面,成本函数 F_1 由建设成本和运输成本决定,成本函数越小越好;安全函数 F_2 由运输损耗和储存损耗决定,损耗越小越好;时间函数 F_3 由保障距离和交通状况决定,时间函数越小越好。F_1、F_2 和 F_3 的表达式如下:

$$F_1 = \sum_{j=1}^{n}\sum_{i=1}^{m}(w_1 m_i f_i + w_2 m_i c_{ij} r_{ij} d_j l_{ij}) \qquad (4-1)$$

$$F_2 = \sum_{j=1}^{n}\sum_{i=1}^{m}[w_3 m_i g_{ij} r_{ij} d_j l_{ij} + w_4 m_i s_i(1-h_i)] \qquad (4-2)$$

$$F_3 = \sum_{j=1}^{n}\sum_{i=1}^{m}[w_5 m_i l_{ij}/v_{ij} + w_6 m_i l_{ij}(1-\eta_i)/v_{ij}] \qquad (4-3)$$

因此,航空弹药布局优化模型的目标函数为:

$$\min F = F_1 + F_2 + F_3 \qquad (4-4)$$

约束条件为:

$$\sum_{j=1}^{n} \left[r_{ij} d_j / (1 - g_{ij} l_{ij}) \right] \leqslant s_i h_i \qquad (4-5)$$

$$\sum_{i=1}^{m} r_{ij} = 1 \qquad (4-6)$$

其中,约束条件式(4-5)保证了各作战部队的需求都能得到满足,约束条件式(4-6)表示确保作战部队的需求只能由一个航空弹药储存点满足,不能同时由多个储存点共同满足。

4.2.3 Multi-Agent 模型

多目标问题中目标函数的权重是求解问题的关键,为了确定目标函数中各影响因素的权重,本章节充分考虑各部门所具有的主体行为,首先引入 Multi-Agent 模型对各部门打分过程进行仿真,具体过程如下:

(1) 航空弹药保障 Agent 和作战部队需求 Agent

① 打分策略

航空弹药保障 Agent 和作战部队需求 Agent 的决策者首先会通过资料和实际情况根据自身需求总结航空弹药储存点布局和配置的影响因素,并将其方案提交给指挥 Agent,指挥 Agent 统计归纳并筛选出重要的影响因素,保障 Agent 和需求 Agent 的决策者再根据自己的经验对给出的影响因素进行打分。

② 打分修改策略

对于保障 Agent 和需求 Agent 的决策者而言,其打分修改策略主要受到自己原来的打分方案、自己所在 Agent 打分方案的平均值以及对方 Agent 打分方案的平均值影响。因此以航空弹药保障 Agent 为例,其打分方案的修改模型可以用下式表示:

$$S_{ij}^{t+1} = \alpha S_{ij}^t + \beta X_j^t + \mu Y_j^t \qquad (4-7)$$

其中 S_{ij} 表示决策者 i 对影响因素 j 提出的打分方案;X_j 和 Y_j 分别表示航空弹药保障 Agent 和作战部队需求 Agent 所有决策者对于影响因素 j 打

分的平均值；α,β,μ 分别表示自己原先提出的打分方案、航空弹药保障 Agent 所有决策者打分方案的平均值以及作战部队需求 Agent 所有决策者打分平均值对本方案修改的影响程度，并且 $\alpha+\beta+\mu=1$。

③ 最终修改策略

航空弹药保障 Agent 和作战部队需求 Agent 的决策者在接收到最终修改通知时，可以按照平时的修改策略对方案进行修改。

（2）指挥 Agent

① 统计打分方案

指挥 Agent 主要对所有决策者的打分方案进行统计，如果所有方案中各影响因素权重排序一致，结束打分过程；如果方案中各影响因素权重排序不一致，指挥 Agent 将打分结果返回航空弹药保障 Agent 和作战部队需求 Agent 的决策者重新打分。本章节采用平均值法对方案中的各影响因素打分进行统计处理。

② 确定影响因素权重

重复打分过程直到航空弹药保障 Agent 和作战部队需求 Agent 所提交的方案各影响因素权重排序一致或者重复次数达到设定的阈值，指挥 Agent 将最后一次所有决策者的打分方案平均值作为最终结果，确定各影响因素权重。

③ 确定目标函数并求解

指挥 Agent 根据各影响因素的权重将多目标优化问题化简为各目标线性加权的单目标函数，根据目标函数以及约束条件，通过遗传算法确定目标函数的最优解，从而优化航空弹药布局。

（3）基于 Multi-Agent 的航空弹药储存布局优化流程

① 指挥 Agent 根据资料和实际情况分别收集影响航空弹药储存布局和配置的影响因素，并要求航空弹药保障 Agent 和作战部队需求 Agent 对所给出的影响因素进行打分。

② 航空弹药保障 Agent 和作战部队需求 Agent 的决策者根据自己的领域知识对影响因素进行打分，并将结果返回给指挥 Agent。

③ 指挥 Agent 对各单位结果进行统计归纳，若所有影响因素权重大小排序都一致，则取所有结果的均值作为最终的目标方案；若影响因素权重排

序不一致，将不同单位的统计归纳结果返还给单位的所有决策者。

④ 航空弹药保障 Agent 和作战部队需求 Agent 的决策者得到返回的统计结果后，修改自己的方案，并将该新的方案提交给指挥 Agent。

⑤ 指挥 Agent 对新的打分结果重新进行统计归纳，若所有影响因素权重大小排序都一致，则取所有结果的均值作为最终的目标方案，指挥 Agent 根据目标方案的权重确定目标函数并求解；若重复次数达到设定的阈值，则将统计结果返回，并通知航空弹药保障 Agent 和航空弹药需求 Agent 的决策者进行最后一次修改。

⑥ 航空弹药保障 Agent 和航空弹药需求 Agent 的决策者根据统计结果最后一次修改打分，并将新的结果提交给指挥 Agent。

⑦ 指挥 Agent 将所有的打分结果求均值并按均值的大小决定各影响因素的权重，以此方案确定目标函数并求解。

以上步骤的具体流程见图 4-1。

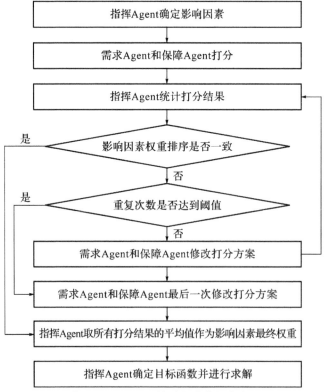

图 4-1　基于 Multi-Agent 的航空弹药储存布局优化流程

4.2.4　基于合作竞争博弈模型确定影响因素权重

本章节参考冯嘉珍 等(2018)、刘丹 等(2014)以及谢能刚 等(2008)的研究,将合作竞争博弈模型与 Multi-Agent 模型进行结合,以目标函数中各影响因素权重的确定为目标,通过博弈论对各部门 Agent 的评分结果进行优化,使得各部门评分结果尽可能一致。

（1）问题描述

本章节通过影响因素权重之间的博弈以及各 Agent 之间的协同评分过程对影响因素权重的确定进行优化,因此首先需要通过博弈论的方式对目标问题进行描述。博弈论适合解决存在利益冲突的问题,可以分析博弈方各自的决策为自身带来的利益以及对整体利益的影响。博弈模型通常由三部分组成:博弈方、博弈方的策略集以及根据博弈方式构造的收益函数。将本章的目标问题通过博弈模型进行描述,假如有 m 个影响因素的权重需要进行设计,可以定义如下目标函数:

$$\min F(X) = \left[f_1(X), f_2(X), \cdots, f_m(X) \right] \tag{4-8}$$

其中 $X = \{x_1, x_2, \cdots, x_n\}$ 表示设计变量结合,即 n 个 Agent 的评分区间。$S_1, S_2, \cdots, S_m$ 为各博弈方所拥有的策略空间集合,并且满足如下条件:$S_1 = \{x_i, \cdots, x_j\}, \cdots, S_m = \{x_k, \cdots, x_l\}, S_1 \bigcup \cdots \bigcup S_m = S, S_a \bigcap S_b = \varnothing$,其中 $a, b = 1, 2, \cdots, m$。设计目标 $f_1(X), f_2(X), \cdots, f_m(X)$ 可以看作 m 个博弈方,$f_i = \sum_{j=1}^{n} (x_{ji} - \overline{x}_i)^2$ 表示博弈过程的目标函数,即尽可能地使所有 Agent 的评分意见一致,其中 x_{ij} 表示第 j 个 Agent 对第 i 个目标的评分值,$\overline{x}_i$ 表示所有 Agent 对第 i 个目标评分的平均值。目标问题的 m 个目标函数可以看作对应博弈方所得收益 $u_1, u_2, \cdots, u_m$,其约束条件即博弈过程中可选策略的约束条件。

（2）博弈方策略集划分

将目标问题转化为博弈问题的关键技术在于将设计变量集合 S 分割为各博弈方拥有的策略集。策略集的分解一般包含两个部分:首先设计变量集对各博弈方的影响因子矩阵用于形成分类样本,然后对该矩阵模糊聚类,从而可以求出各博弈方所具有的策略空间。具体过程如下:

① 分别对 m 个目标进行单目标优化,得到各目标函数的单目标优化值 $f_1(X_1^*),f_2(X_2^*),\cdots,f_m(X_m^*)$,其中 $X_i^* = \{x_{1i}^*,x_{2i}^*,\cdots,x_{ni}^*\}(i=1,2,\cdots,m)$。

② 对任意的设计变量 x_j,将其定义域按步长 Δx_j 等分为 T 段,则设计变量 x_j 对第 i 个博弈方 f_i 的影响因子 Δ_{ji} 可以表示为:

$$\Delta_{ji} = \frac{\sum_{t=1}^{T} |f_i(x_{1i}^*,\cdots,x_{(j-1)i}^*,x_{ji}(t),x_{(j+1)i}^*,\cdots,x_{ni}^*) - f_i(x_{1i}^*,\cdots,x_{(j-1)i}^*,x_{ji}(t-1),x_{(j+1)i}^*,\cdots,x_{ni}^*)|}{T\Delta x_j}$$

$$(4-9)$$

③ 定义第 j 个分类样品为 $\Delta_j = \{\Delta_{j1},\Delta_{j2},\cdots,\Delta_{jm}\}(j=1,2,\cdots,n)$,其中 Δ_j 的含义是第 j 个设计变量对所有 m 个目标函数的影响因子集合。$\Delta = \{\Delta_1,\Delta_2,\cdots,\Delta_n\}$ 可以表示全部分类样品的集合。本章节采用欧式距离来刻画样品之间的相似程度,则 Δ_k 和 Δ_l 的相似度 d_{kl} 可以通过欧式距离进行表示:

$$d_{kl} = \sqrt{\sum_{i=1}^{m} |\Delta_{ki} - \Delta_{li}|^2} \quad (k,l=1,2,\cdots,n) \qquad (4-10)$$

根据相似度 d_{kl} 可以建立相似度矩阵:

$$\boldsymbol{D} = \begin{vmatrix} d_{11} & d_{12} & \cdots & d_{1n} \\ d_{21} & d_{22} & \cdots & d_{2n} \\ \vdots & \vdots & \vdots & \vdots \\ d_{n1} & d_{n2} & \cdots & d_{nn} \end{vmatrix} \qquad (4-11)$$

④ 对相似度矩阵 $\boldsymbol{D}$ 进行模糊聚类,在原矩阵的基础上计算其 α 截矩阵 $\boldsymbol{D}_a$,其中 α 为置信水平且 $0 \leqslant \alpha \leqslant 1$。首先根据博弈方数目选择合适的 α 值,然后根据 α 对 $\boldsymbol{D}$ 中元素进行过滤得到新的矩阵 $\boldsymbol{D}_a$:

$$d_{kl} = \begin{cases} 0, & d_{kl} < \alpha \\ 1, & d_{kl} \geqslant \alpha \end{cases} \quad (k,l=1,2,\cdots,n) \qquad (4-12)$$

对于新得到的矩阵 $\boldsymbol{D}_a$ 中各行元素再进行分类,具有相同元素数量的行分在一起,进而得到 Δ 的分类结果,由于 $\Delta = \{\Delta_1,\Delta_2,\cdots,\Delta_n\}$ 和 $S = \{x_1,x_2,\cdots,x_n\}$ 各元素是相互对应的,因此 Δ 的聚类结果即 S 的聚类结果。

⑤ 根据聚类结果,设计变量集合 S 被分解为 m 个策略集 $S_1,S_2,\cdots,S_m$。进一步计算 S_i 所含设计变量分别对所有目标函数的影响因子之和,各博弈

方根据影响因子之和的大小选取对应的策略集 S_i。

（3）模型求解

博弈论可以分为合作博弈与竞争博弈。本章节考虑到各目标函数之间既具有合作行为同时也具有竞争行为，在传统竞争博弈和合作博弈的基础上，构建具有自适应行为的合作竞争博弈方式来描述目标函数之间的关系，并通过协同模型描述 Agent 的动态性，以此对目标问题进行求解。

在合作竞争博弈模型中，策略集合是基于整体最优进行考虑得到的结果，因此得到的合作竞争博弈结果 $S^* = \{S_1^*, S_2^*, \cdots, S_m^*\}$ 是一个 Praeto 前沿弱有效解。换句话说，对任意博弈方 i，S_i^* 是在给定其余博弈方的策略组合 $\overline{S}_i^* = \{S_1^*, S_2^*, \cdots, S_{i-1}^*, S_{i+1}^*, \cdots, S_m^*\}$ 情况下该博弈方作出的最优策略，该结果对于博弈整体来说是最优的，但是不能保证对每个博弈方都是最优结果，但是该结果不会使博弈个体的效用变差，且不存在另一个策略集合使所有博弈方的支付函数都变优，即 $u_i(S_i^*, \overline{S}_i^*) \leqslant u_i(S_i, \overline{S}_i)$ 对任意 S_i 都成立。

基于合作竞争博弈模型并结合上文中设计的 Multi-Agent 模型，本章节对目标问题的 Praeto 前沿求解过程具体如下：

① 在各博弈方的策略空间中随机给定博弈分析的初始可行策略，形成策略组合 $S^{(0)} = \{S_1^{(0)}, S_2^{(0)}, \cdots, S_m^{(0)}\}$，也就是各 Agent 的初始评分值。

② 在第一轮博弈中，所有博弈方均采用合作方式进行博弈，得到整体最优的策略组合，结果记为 $S^{(1)*} = \{S_1^{(1)*}, S_2^{(1)*}, \cdots, S_m^{(1)*}\}$。假设第 $k-1$ 轮博弈之后，各博弈方的最优策略为 $S^{(k-1)*} = \{S_1^{(k-1)*}, S_2^{(k-1)*}, \cdots, S_m^{(k-1)*}\}$。若博弈方 i 在第 $k(k \geqslant 2)$ 轮博弈中所得到的收益优于其在第 $k-1$ 轮博弈中所获得的收益，即 $u_i^k \geqslant f_i(S_i^{(k)*})$，则该博弈方在本轮中采用合作博弈，否则该博弈方在本轮中采用竞争博弈。

③ 每一轮博弈结束后，各 Agent 参考自身原来的评分结果 $S^{(k-1)}$，其所属博弈方的策略集中所有 Agent 评分结果平均值 $M^{(k-1)}$ 以及其他所有 Agent 的评分结果平均值 $N^{(k-1)}$ 按相应的比例进行下一次评分。

$$S^{(k)} = \alpha S^{(k-1)} + \beta M^{(k-1)} + \gamma N^{(k-1)} \tag{4-13}$$

其中 $\alpha + \beta + \gamma = 1$。该评分作为博弈方新的博弈策略，如果该策略下博弈方的收益优于其第 $k-1$ 轮的收益，则该策略作为第 k 轮的最优策略，$S^{(k)*} =$

$\{S_1^{(k)*}, S_2^{(k)*}, \cdots, S_m^{(k)*}\}$，否则以第 $k-1$ 轮的策略作为第 k 轮的最优策略 $S^{(k-1)*} = S^{(k)*} = \{S_1^{(k)*}, S_2^{(k)*}, \cdots, S_m^{(k)*}\}$。

④ 由于每个目标函数的量级不同，因此需要对收益函数进行标准化处理。假设在第 $k-1$ 轮博弈后，各博弈方的最优策略为 $S^{(k-1)*} = \{S_1^{(k-1)*}, S_2^{(k-1)*}, \cdots, S_m^{(k-1)*}\}$，根据合作竞争均衡模型，定义各博弈方的收益函数为：

$$u_i^k = w_{ii}^k \bar{u}_i^k + \sum_{j \neq i}^m w_{ij}^k \bar{u}_{ij}^k = w_{ii}^k \frac{f_i(S_i^{(k)}, \overline{S}_i^{(k)})}{f_i(S_i^{(k-1)*}, \overline{S}_i^{(k-1)*})} + \sum_{j \neq i}^m w_{ij}^k \frac{f_j(S_i^{(k)}, \overline{S}_i^{(k)})}{f_j(S_i^{(k-1)*}, \overline{S}_i^{(k-1)*})}$$

$$(4-14)$$

其中 $\bar{u}_i$ 为博弈方 i 执行博弈策略时自身的标准化收益，也就是目标函数 f_i 的值；$\bar{u}_{ij}$ 为博弈方 i 执行博弈策略时其他博弈方所得的收益，即目标函数 f_j 的值。w_{ii} 为计算 i 执行博弈策略的效用时衡量自身收益的权重，$w_{ij}(i \neq j)$ 为计算执行博弈策略的效用时衡量博弈方 j 收益的权重。w_{ij} 实际表示各博弈方之间的合作水平或者竞争水平，w_{ii} 的值越小表示合作水平越高，并且 $\sum_{j=1}^m w_{ij} = 1$。对于采用合作博弈的博弈方来说，w_{ii} 的值相对于 $\sum_{j \neq i}^m w_{ij}$ 偏小，而对于采用竞争博弈的博弈方，w_{ii} 的值相对于 $\sum_{j \neq i}^m w_{ij}$ 偏大，以此来刻画博弈方的自适应行为。

⑤ 判断相邻策略组合 $S_i^{(k-1)*} S_i^{(k)*}$ 之间的距离是否满足收敛准则 $\|S_i^{(k)*} - S_i^{(k-1)*}\| \leqslant \varepsilon$，其中 ε 表示收敛精度。如果不满足收敛准则，以 $S_i^{(k)*}$ 为基础继续进行博弈；如果满足条件则终止运算。

（4）算法流程

结合上文给出的博弈方策略划分、合作竞争博弈模型、Agent 之间协同评分过程以及多目标设计的模型求解过程，本章节的算法流程如下：

① 将 m 个设计目标 $f_1(S), f_2(S), \cdots, f_m(S)$ 作为合作竞争博弈过程的 m 个博弈方。

② 将设计变量的定义域作为博弈方的策略空间，通过数学方法将目标问题设计变量集合 S 分解为各博弈方所拥有的策略集 $S_1, S_2, \cdots, S_m$。

③ 建立具有自适应行为的竞争合作博弈规则，在新的一轮博弈开始之前，

各博弈方根据上一轮博弈的收益,调整自身的博弈行为,选择竞争博弈或者合作博弈。然后根据博弈行为更新收益函数 u 与目标函数 F 之间的映射关系。

④ 各 Agent 以自身原来的评分、其所属策略集所有 Agent 评分的平均值以及其他 Agent 评分的平均值为依据进行下一次评分,作为新的博弈策略。如果以收益函数为目标,新的博弈策略对于其他博弈方是非劣的,则更新其评分结果,否则保留原来的评分结果。

⑤ 所有博弈方的最优策略作为下一轮博弈的策略组合,重复③和④进行多轮博弈,根据收敛判别是否满足收敛精度,最终满足收敛准则,获得博弈的均衡解,这个解也就是目标问题的最优解。

以上算法步骤的流程见图 4-2。

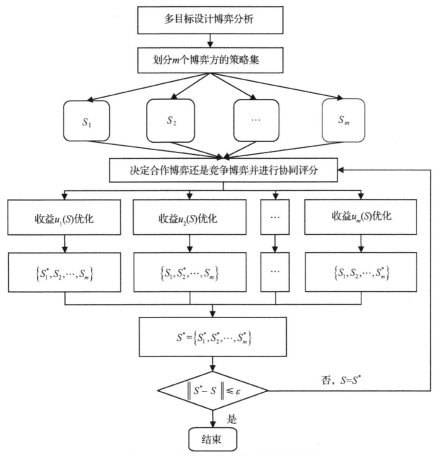

图 4-2 目标问题的模型求解流程图

4.3　航空弹药布局优化模型求解

在确定了目标函数中各影响因素的权重之后，多目标问题可以转化为单目标问题进行求解。虽然多目标问题得到了简化，但是在基于 Multi-Agent 的航空弹药布局优化模型中，满足条件的备选地址仍然有很多，如果用穷尽搜索方法求解最优布局运算时间过于长久，严重耽误有效时机，而且化简之后的多个单目标问题量级并不相同，因此本章针对模型中权重化处理的多目标优化问题提出一种基于染色体分段编码并结合优序数定义适应度函数的改进遗传算法对模型进行求解。

基于 Holland(1992) 的传统遗传算法，为了满足对不同量纲多目标优化问题的求解需求，并且能够同时确定航空弹药储存点布局最优组合以及每个储存点的航空弹药储备量，本章节一方面通过优序数法定义适应度函数，另一方面对染色体进行分段编码，以此对传统遗传算法进行改进，具体步骤如下：

（1）染色体编码

由于遗传算法只能处理以染色体编码的形式，在运用遗传算法时需要首先将优化问题的参数形式用染色体编码来表示。本章节每条染色体的编码分为两段，前一段采用二进制方式对染色体进行编码，表示航空弹药储存点布局方案。首先对所有备选地址按顺序进行编号，如果在 i 备选地址建立储存点，则该序号对应的染色体编码为 1，反之则该序号对应的染色体编码为 0。后一段采用随机数方式进行编码，表示航空弹药需求点与储存点之间的运输方案，每个需求点有且只有一个储存点进行弹药供应保障，对需求点按顺序进行编号，如果需求点 j 的航空弹药由第 i 个储存点供应，则该序号对应的染色体编码为 i。由两段编码组成的染色体长度为所有航空弹药储存点备选地址的数量 m 与作战部队需求点数量 n 之和。

（2）初始种群

初始种群是选择、交叉和变异等操作进行的前提。本章节在这里采用随机生成的方式来构建初始种群，假如需要从 m 个备选地址中选取 z 个航空弹药储存点,在初始化染色体时,先生成 z 个 1,再将 $m-z$ 个零随机插入排列中,这样就构成了一条染色体的前一段编码,然后每个需求点随机选择一个前一段编码中已经建立的储存点,并将该储存点的序号作为该需求点的编码,这样就生成了染色体的后一段编码。反复进行该过程得到初始种群。

（3）确定适应度函数

适应度函数可以判断每次遗传后每个个体的优劣程度,是遗传算法的核心步骤,合适的适应度函数能够增加算法的速度,从而有效解决过早收敛以及过慢结束的问题。因为目标函数有三部分,并且每部分的量纲都不相同,因此本章节采用的适应度评价方法为优序法,这种方法的优点是可以将各个染色体的优劣排序直接映射到适应度函数上,有效避免了量纲不同的问题。

记 $F=\{F_p \mid p=1,2,\cdots,y\}$ 表示优化目标的集合,$X=\{x_k \mid k=1,2,\cdots,N\}$ 表示方案的集合,考虑多目标优化问题 $\min\limits_{x_k \in X} F(x_k)=(F_1(x_k),F_2(x_k),\cdots,F_y(x_k))$,其中 $F_p(x_k)$ 既可以是定量的,也可以是定性但可以相互比较优劣的目标。对任意的 $x_i,x_j \in X$:

$$a_{ijp}=\begin{cases}1, & F_p(x_i)>F_p(x_j) \\ 0.5, & F_p(x_i)=F_p(x_j) \\ 0, & F_p(x_i)<F_p(x_j)\end{cases} \tag{4-15}$$

定义 $i=j$ 时,$a_{ijp}=0$。则 $a_{ij}=\sum_p a_{ijp}$ 为第 i 个方案与第 j 个方案在所有目标下相互比较所得到的优序数,反之 a_{ji} 为第 j 个方案与第 i 个方案在所有目标下相互比较所得到的劣序数。进一步称 $K_i=\sum_j a_{ij}$ 为第 i 个方案与其他所有方案在所有目标下相互比较所得到的总优序数,$H_j=\sum_i a_{ij}$ 为第 i 个方案与其他所有方案在所有目标下相互比较所得到的总劣序数。

通过优序数性质,第 i 个方案的总优序数越大,则对应的总劣序数就越小,因此可以根据 K_i 的大小顺序排列所有方案的优劣次序,可以证明,如果优化问题存在最优方案,则最优方案必定排列在最前面;如果不存在最优方案,则排列在最前面的必定是非劣方案。

（4）选择操作

文献研究表明精英策略是一种能够保证遗传算法找到全局最优解的最有效策略，因此本章节采用赌轮选择法与精英策略相结合的方式进行选择操作。首先对于每代群体中的所有个体，按照适应的大小降序排列，如此定义排列在第一位的为精英个体，将此个体直接复制给下一代而不进行任何其他遗传操作，而且在下一代中精英个体依然排在所有个体最前面，下一代的其他个体按照上一代种群的适应度大小，通过赌轮选择法产生。如果群体中所有的个体的适应度总和为 $\sum F_i$，其中 F_i 表示第 i 条染色体的适应度值，则该染色体被选择的概率就是其适应度值所占的比例 $F_i / \sum F_i$，这样就可以保证选择最优的个体生存至下一代。

（5）交叉操作

交叉操作也是遗传算法不可或缺的一部分，将上一代染色体进行交叉会出现具有新染色体的子代，从而使得子代既能够继承其父代的部分特性，同时又会存在一些新的特征，进而保证种群中一直会有新的个体出现。由于本章节中的染色体由两段编码组成，并且后一段编码受到前一段编码的影响，因此在每次实验中，按概率决定哪段编码进行交叉，概率的大小由编码的长度决定，前段编码的交叉概率为 $m/(m+n)$，后段编码的交叉概率为 $n/(m+n)$。本章节的交叉方法采用单点交叉法，即任意不重复地从群体中选择两个个体，以交叉概率判断某两个待交叉染色体是否进行交叉，直到所有的个体都被选到。如果染色体进行交叉，则通过给定的概率选择进行交叉的染色体编码段。如果前段编码进行交叉，则交叉点设置为随机生成的一个不超过备选储存点长度的数字，交叉的两个染色体将交叉点之前的编码进行互换，生成两个新的个体，然后对后段编码中与前段编码矛盾的部分进行修改，随机选择一个已经建立的储存点，将该储存点的序号作为新的编码；若是后段编码进行交叉，需要随机生成一个超过备选储存点长度且不超过染色体长度的数字为交叉点，交叉的两个染色体将交叉点之后的编码进行互换，生成两个新的个体。

（6）变异操作

变异操作是指在种群中随机选择某个染色体,以较小的概率对该染色体中某个或者某段基因编码进行改变,这样生成的新染色体与原染色体相比具有变异特征,从而能够增加种群的多样性,易于产生更优的个体。本章节的变异算子同样采用单点变异方法,基本过程与交叉操作类似,即先以变异概率判断某个待变异染色体是否进行变异,若进行变异,则判断哪段编码进行变异,如果前段编码进行变异,则随机生成一个不超过备选储存点长度的数字为变异点,对其编码按位取反,并对后段编码中矛盾的部分进行随机修改;若是后段编码进行变异,则随机生成一个超过备选储存点长度且不超过染色体长度的数字为变异点,将该编码随机修改为原来储存点之外的储存点的序号。

（7）终止规则

当种群的进化代数达到给定的阈值则终止运算可以得到最优方案。

4.4　案例仿真分析

某作战区域里有 20 支空军作战部队,现在由于战事需要将分别对所有部队进行航空弹药补给,经过初步评测有 10 个备选地址可以用于航空弹药储存点的建立和布局,假设各作战部队需要的航空弹药数量以及各作战部队到任意备选地址之间的距离均已知,在 10 个备选地址中选取若干个地址作为航空弹药储存点,对 20 个作战部队进行航空弹药保障,求最优布局方案。

为了对航空弹药储存点布局进行优化,首先需要根据 Multi-Agent 模型确定航空弹药布局影响因素的权重,由于 Multi-Agent 模型需要根据专家的打分进行协同修改,案例仿真分析中无法获取专家打分方案,因此本章节首先通过程序模拟各领域专家打分结果,然后模拟 Multi-Agent 的协同过程,通过合作竞争博弈模型给出最终的影响因素权重,以测试 Multi-Agent 模型的有效性。通过程序产生航空弹药保障 Agent 和作战部队需求 Agent,它们的初始打分结果见表 4-1 和表 4-2。

表 4 - 1　航空弹药保障 Agent 初始打分结果

领域专家	影响因素					
	建设成本	运输成本	运输损耗	储存损耗	保障距离	交通情况
1	4	3	8	5	6	1
2	10	5	10	4	5	5
3	4	9	8	5	7	10
4	7	5	9	2	1	2
5	1	7	3	2	9	8
6	6	8	2	2	2	2
7	3	7	4	2	3	1
8	10	1	4	6	6	2
9	1	8	7	6	5	3
10	6	4	5	4	9	9

表 4 - 2　作战部队需求 Agent 初始打分结果

领域专家	影响因素					
	建设成本	运输成本	运输损耗	储存损耗	保障距离	交通情况
1	7	8	10	5	9	2
2	10	9	7	5	7	10
3	4	6	2	1	8	7
4	9	5	9	1	2	7
5	5	2	3	4	3	6
6	8	10	8	1	2	10
7	10	9	3	6	4	6
8	9	7	2	5	9	5
9	4	1	3	2	1	3
10	3	8	1	5	4	6

表 4 - 3　各影响因素最终权重

因素	建设成本	运输成本	运输损耗	储存损耗	保障距离	交通情况
权重	0.19	0.19	0.17	0.12	0.16	0.17

表 4 - 3 给出了经过 Multi-Agent 的协同和合作竞争博弈模型求解得到的影响因素权重,可以看出由于本章节的打分结果为随机产生,因此各影响因素之间的权重几乎相同,证明本章节的求解过程是合理的。

由于随机产生的影响因素打分经过 Multi-Agent 协同作用之后权重几乎相同,因此对于仿真案例的优化不采取经过 Multi-Agent 协同之后的权重,而是由程序随机产生,以保证影响因素权重之间具有差别,从而使实验结果更加明显,具体结果见表 4 - 4。影响因素的权重虽然对航空弹药储存点布局结果具有决定性的作用,但是并不影响验证模型的有效性。

表 4 - 4　仿真实验各影响因素权重

因素	建设成本	运输成本	运输损耗	储存损耗	保障距离	交通情况
权重	0.17	0.27	0.18	0.10	0.04	0.24

由于本章节案例中航空弹药布局环境各项实际数据的保密性要求,故涉及航空弹药储存点布局环境的参数均由程序随机产生,模拟了一种航空弹药储存点布局环境,包括每个作战部队航空弹药需求数量、作战部队需求点与航空弹药储存点备选地址之间的距离、储存点备选地址交通状况和隐蔽程度,分别见表 4 - 5、表 4 - 6、表 4 - 7 和表 4 - 8。

表 4 - 5　航空弹药需求数量

部队编号	1	2	3	4	5	6	7	8	9	10
需求量	4	1	8	7	4	6	6	7	9	2
部队编号	11	12	13	14	15	16	17	18	19	20
需求量	8	9	9	7	10	5	5	8	3	10

表 4-6　作战部队需求点与航空弹药储存点备选地址之间的距离

备选地址	部队编号									
	1	2	3	4	5	6	7	8	9	10
1	5	8	8	1	5	5	9	7	9	2
2	4	9	7	5	4	2	10	9	5	4
3	4	8	2	9	4	5	6	9	10	1
4	6	8	1	2	8	10	2	3	1	10
5	8	1	10	9	10	4	7	4	7	4
6	3	2	6	1	4	3	2	7	10	4
7	2	6	4	7	4	2	10	8	9	8
8	2	8	6	9	2	9	9	1	2	3
9	6	8	10	5	3	6	3	10	10	10
10	7	2	9	5	7	8	10	3	7	1

备选地址	部队编号									
	11	12	13	14	15	16	17	18	19	20
1	7	9	3	8	5	10	3	4	1	1
2	6	9	4	5	7	1	2	8	2	7
3	4	10	7	7	4	5	7	1	1	2
4	7	4	9	9	10	5	10	8	2	9
5	8	6	10	5	4	5	10	4	2	4
6	5	10	2	7	9	7	1	1	3	3
7	10	2	3	2	9	4	1	2	9	2
8	3	4	6	4	1	9	4	9	10	3
9	4	10	1	9	8	10	9	9	8	8
10	8	9	5	9	1	2	1	7	2	8

表 4-7 储存点备选地址交通状况

备选地址	1	2	3	4	5	6	7	8	9	10
交通状况	0.97	0.97	1.03	1.02	0.97	0.98	1.13	1.10	0.91	1.17

表 4-8 储存点备选地址隐蔽程度

备选地址	1	2	3	4	5	6	7	8	9	10
隐蔽程度	0.27	0.68	0.38	0.24	0.41	0.12	0.90	0.78	0.73	0.13

另外,为了方便计算,本章节将一些有关公共属性的参数设置为常数:每个储存点的建设成本均设置为 1,单位距离单位数量的航空弹药运输成本均设置为 1,单位距离单位数量的航空弹药运输损耗程度均设置为 5%,任意储存点到作战部队之间的运输速度均设置为 1。

给定了模拟的航空弹药布局环境以及影响因素的权重,指挥 Agent 便可以通过本章节改进的遗传算法对提出的航空弹药布局优化模型进行求解。本章所构建的模型既可以用于平时训练常用储存点的选择,也可以用于战时备用储存点的选择,区别在于遗传算法的目标储存点数量选择不同以及是否考虑在弹药需求数量的基础上增加备用弹药数量以备不时之需。考虑战时备用储存点开设时,一方面目标储存点数量要略多于平时常用储存点,另一方面需要在每个部队弹药需求数量的基础上上浮一定比例作为备用弹药。由于平时常用储存点设置和战时备用储存点设置的选择方式基本相同,只是参数设置上的区别,本章仅对平时常用储存点的布局和选择情况进行案例分析,战时备用存储点的开设情况可以通过相同的过程得到。

以平时常用储存点布局为目标,本章设置遗传算法相关参数如下:目标储存点数量为 5(如果考虑开设战时备用储存点,则设置目标数量大于 5),程序最大迭代次数为 200,种群大小为 100,交叉概率为 0.6,变异概率为 0.01,前段编码交叉概率、变异概率均为 1/3,后段编码交叉概率、变异概率均为 2/3。运行程序,得到每代最高的适应度如图 4-3,从图 4-3 中可以看出,随着迭代次数的增加,算法逐渐收敛,最优方案首次出现在 105 代,最优的染色体编码如下:

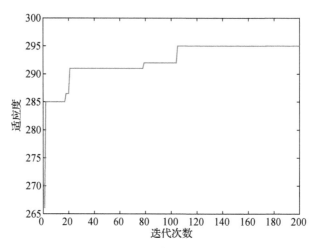

图4-3 遗传算法最优适应度

表4-9 前段染色体编码

备选地址	1	2	3	4	5	6	7	8	9	10
是否建址	1	0	1	1	1	1	0	0	0	0

表4-10 后段染色体编码

部队编号	1	2	3	4	5	6	7	8	9	10
储存点	4	6	1	3	4	4	1	5	4	5
部队编号	11	12	13	14	15	16	17	18	19	20
储存点	6	6	1	1	4	6	4	5	4	4

通过前段染色体编码可知（表4-9），本次给定的20个航空弹药储存点备选地址中，最终选择第1、3、4、5和6号备选地址进行储存点的建设可以保证航空弹药储存点布局得到优化。另外，每个作战部队所需要的航空弹药由哪个储存点进行补给也可以从后段染色体编码中获得（表4-10）。根据最优的航空弹药布局方案以及补给方案，每个储存点所需要储存的航空弹药数量可以确定，具体见表4-11。

表 4 - 11　航空弹药储存数量

备选地址	1	2	3	4	5	6	7	8	9	10
储存数量	172.2	—	33.49	314.0	19.33	312.3	—	—	—	—

　　通过以上实验结果可以看出,在实际操作中,只要航空弹药储存点的布局环境确定,便可以邀请领域专家根据 Multi-Agent 模型协同确定储存点布局影响因素的权重,并通过本章所改进的遗传算法对储存点布局优化问题进行求解。而且可以根据是否处于作战环境,区分设置平时常用储存点和战时备用储存点,既能增加弹药保障系统的性能,也在一定程度上降低了成本。

4.5　本章小结

　　本章从 Multi-Agent 的角度研究航空弹药储存点布局优化问题。航空弹药保障 Agent 和作战部队需求 Agent 各自具有独立性,对于储存点布局的影响因素具有不同的认知,因此需要指挥 Agent 对整个 Multi-Agent 进行协同,综合各方的意见对航空弹药储存点布局进行优化。在航空弹药储存点布局优化的过程中,最为重要的是对各种影响因素权重的确定,因此本章首先通过合作竞争博弈模型结合 Multi-Agent 模型对影响因素的权重进行求解,从而将多目标问题进行了化简。另外,由于本章仿真的作战环境中航空弹药布局影响因素包括成本要素、安全要素和时间要素三个部分,而且每一部分的量纲都不相同,不能通过传统的遗传算法进行求解。因此,本章对染色体进行分段编码并通过优序数法描述适应度,以此对传统的遗传算法进行改进,从而对航空弹药储存点的布局进行优化并且可以同时确定每个储存点的航空弹药储备量。另外,本章考虑到平时训练和战时所需弹药储存点的区别,将弹药储存点设置为平时常用储存点和战时备用储存点两种类型,所有结果均可以通过本章给出的模型进行求解,这样在平时训练时只需要对常用储存点进行布局和调整,而在战争环境中将战时备用储存点及时进行开放以备不时之需,既能满足作战需要,也降低了成本,从而更好地体现了现代航空弹药保障供应的特点。

第5章

航空弹药静态调运决策优化模型研究

上一章主要讨论了航空弹药储存布局的优化,而一旦储存点位置确定并且建立,若是更改必然耗费巨大的精力和财力,因此没有特殊情况,航空弹药储存的位置一般不会随意更改。在此基础上,决定作战部队能够顺利完成任务的前提就是基于确定的航空弹药储存位置,安全有效地完成航空弹药的调运问题。从有效性方面来说,作战部队只有在正确的时间、正确的地点及时地接收充足的弹药,才能发挥最大的作战能力。从可靠性方面来说,在战争中弹药供应一直是敌方重点打击的战略目标,而且随着信息技术的应用与普及,越来越多的高精度侦察装备与远程打击武器被开发出来并装备部队,使得战场上的弹药供应面临越来越多的打击。因此,结合作战地区的交通运输条件和安全情况,对弹药的供应进行合理的调运,以最短的时间保证作战部队弹药的充足需求,是作战胜利的重要条件。

5.1　问题描述及解决思路

弹药调运策略优化模型是提供最终策略的重要参考依据,是弹药调运系统的核心。参与作战的每个弹药储存点的弹药调运量是多少,每个作战部队的弹药由哪些储存点进行调运,弹药通过什么样的运输路线送达作战部队,这些问题都是弹药调运策略优化模型所需要解决的。具体来说,在作战部队确定了弹药需求量的情况下,弹药调运策略优化模型的总体目标是以尽量短的时间和尽可能安全的方式将作战所需的弹药从储存点送达作战部队,即在保证每个作战部队需求得到最大满足的前提下尽量使调运的时间最少。基于以上分析,本章对弹药供应的调运策略主要依据时间因素和安全因素进行优化,具体的优化目标包括:

(1)快速满足作战需求。弹药是否能快速送到作战部队对于战争的胜负至关重要。弹药的运输是影响弹药送达时间的关键因素,合理的弹药调运策略会减少弹药运输过程中的等待时间和不必要的中转环节,并且有利于运输车辆来回运转,从而提高作战保障能力。

(2)符合调运安全要求。弹药安全送达同样是决定战争胜负的重要条件。如果安全性得不到保障,那么弹药需求就不能及时实现。因此,弹药调运策略一定要以考虑安全性为前提。

实际上,在战争环境中各作战部队对弹药的需求是有差异性的,战况紧急的部队对弹药供应的时间要求更高,而另外一些部队可能更加在意弹药的安全性。通过传统方法对不同目标进行度量,其结果往往具有主观性,不能够很好地适应不同的作战环境。因此,上述航空弹药运输决策是基于时间目标和安全目标的多目标组合优化问题。基于不同部队之间的利益冲突,博弈模型被用于多目标组合优化问题当中。本章针对作战部队弹药调运策略问题,综合考虑不同作战部队对弹药调运时间因素和安全因素需求程度的差异,通过博弈模型对多目标问题进行度量,进而结合遗传算法对弹药调运策略进行优化。

5.2 多目标航空弹药调运策略优化模型

假设 $m_i(i=1,2,\cdots,m)$ 为作战区域内的弹药储存点,每个储存点的弹药数量 i 充足从而可以满足任意调运策略的需求;$n_j(j=1,2,\cdots,n)$ 为作战区域内的作战部队;d_j 表示作战部队 j 所需要的弹药数量;r_j 表示战争时期内作战部队 j 的作战级别,作战级别较高的部队对于弹药的需求更加迫切;l_{ij} 表示弹药储存点到作战部队 j 的距离;v_{ij} 表示不考虑交通状况时弹药运输通过路段 l_{ij} 的速度;c_{ij} 表示路段 l_{ij} 的道路容量,不同等级的道路容量不同,因而通行能力也不同;p_{ij} 表示路段 l_{ij} 的交通流量,衡量车辆的多少;t_{ij} 表示弹药从储存点 i 运送到作战部队 j 的时间。

对于弹药调运策略的优化,需要确定一个最优的弹药调运方案,即确定每个弹药储存点对每个作战部队进行供应的弹药数量 x_{ij},使得弹药调运结果满足作战部队需求的条件。假如弹药调运策略表示为:

$$\varphi = \{(x_{11},\cdots,x_{1n}),(x_{21},\cdots,x_{2n}),\cdots,(x_{m1},\cdots,x_{mn})\} \quad (5-1)$$

则必须满足约束条件 $\sum_{i=1}^{m} x_{ij} = d_j$,该约束条件保证了各作战部队的需求都能得到满足。

从时间因素方面来说,对于正常的路段 l_{ij},如果不考虑交通状况,则弹药运输通过该路段的时间为 $t_{ij} = \dfrac{l_{ij}}{v_{ij}}$，如果考虑交通拥堵的路段，根据美国联邦公路局路阻函数模型，可以估计弹药运输通过该路段的时间为：

$$t_{ij} = \frac{l_{ij}}{v_{ij}}\Big[1 + \alpha\Big(\frac{p}{c}\Big)\Big] \tag{5-2}$$

其中 α 为固定参数，参考王炜（2007）的研究，取值为 $\alpha = 0.15$。因此，以时间因素为优化目标的目标函数为：

$$f_1 = \sum_{i=1}^{n}\sum_{j=1}^{m} d_j r_j \frac{l_{ij}}{v_{ij}}\Big[1 + \alpha\Big(\frac{p_{ij}}{c_{ij}}\Big)\Big] \tag{5-3}$$

从安全性的角度来说，一方面，道路容量等级较高的路段通行能力较强，因此受到敌方攻击的概率也随之增加，弹药的损失程度较为严重；另一方面，弹药的运输时间越长遭受攻击的概率也会增加，造成弹药损失。本章通过指数函数来刻画弹药调运过程中损失的可能性，并以此作为度量调运策略安全状况的指标。因此弹药运输的安全状况可以表示为：

$$f_2 = \sum_{i=1}^{n}\sum_{j=1}^{m} d_j \exp[-(\bar{c}_{ij} + \lambda t_{ij})] \tag{5-4}$$

其中 $\bar{c}_{ij}$ 表示标准化的 c_{ij}，$\lambda = 0.1$ 是固定参数，用于运输时间对敌方攻击情况的影响。f_2 表示弹药安全送到作战部队的可能性，f_2 越大则安全性越高。

根据以上分析得到弹药调运策略模型的优化目标为：

$$\begin{cases} \min\ f_1(X) \\ \max f_2(X) \end{cases} \tag{5-5}$$

其中 $X = \{x_1, x_2, \cdots, x_m\}$ 表示弹药的调运策略，其中 $x_i(i = 1, \cdots, m) = (x_{i1}, x_{i2}, \cdots, x_{in})$。很明显可以看出，优化目标 f_1 和 f_2 之间既有一致性同时也有冲突性。优化目标 f_1 为了达到最小值，需要通过具有较大容量的道路进行弹药调运，从而满足时间最少。而对于优化目标 f_2 来说，尽管时间最少的目标符合一定程度的安全性要求，但是通过具有较大容量的道路进行弹药调运也使得弹药被敌方攻击导致损耗的程度增加。因此在时间上二者具有一致性,但是在道路容量上二者具有冲突。为了解决具有利益冲突的多目标优化问题,本章将通过合作竞争博弈模型对其进行求解。

5.3 多目标航空弹药调运策略优化求解

5.3.1 问题描述

博弈论适合解决存在利益冲突的问题,可以分析博弈方各自的策略为自身带来的利益以及对整体利益的影响。博弈模型通常由三部分组成:博弈方、博弈方的策略集以及根据博弈方式构造的收益函数。假如博弈模型有 k 个影响因素需要进行设计,可以定义如下目标函数:

$$\min F(X) = \left[f_1(X), f_2(X), \cdots, f_k(X) \right] \qquad (5-6)$$

其中 $X = \{x_1, x_2, \cdots, x_l\}$ 表示设计变量结合。$S_1, S_2, \cdots, S_k$ 为各博弈方所拥有的策略空间集合,并且满足条件 $S_1 \bigcup \cdots \bigcup S_k = S$ 且 $S_a \bigcap S_b = \varnothing$,其中 $a, b = 1, 2, \cdots, k$。设计目标 $f_1(X), f_2(X), \cdots, f_k(X)$ 可以看作 k 个博弈方。目标问题的 k 个目标函数可以看作对应博弈方所得收益 $u_1, u_2, \cdots, u_k$,其约束条件即博弈过程中可选策略的约束条件。

5.3.2 策略集划分

将目标问题转化为博弈问题的关键技术在于将设计变量集合分割为各博弈方拥有的策略集。策略集的分解一般包含两个部分:首先设计变量集对各博弈方的影响因子矩阵用于形成分类样本,然后对该矩阵模糊聚类,从而可以求出各博弈方所具有的策略空间。具体过程如下:

(1) 分别对 k 个目标进行单目标优化,得到各目标函数的单目标优化值 $f_1(X_1^*), f_2(X_2^*), \cdots, f_k(X_k^*)$,其中 $X_i^* = \{x_{1i}^*, x_{2i}^*, \cdots, x_{li}^*\} (i = 1, 2, \cdots, k)$。

(2) 对任意的设计变量 x_j,将其定义域按步长 Δx_j 等分为 T 段,则设计变量 x_j 对第 i 个博弈方 f_i 的影响因子 Δ_{ji} 可以表示为:

$$\Delta_{ji} = \frac{\sum_{t=1}^{T} \left| f_i(x_{1i}^*, \cdots, x_{(j-1)i}^*, x_{ji}(t), x_{(j+1)i}^*, \cdots, x_{ni}^*) - f_i(x_{1i}^*, \cdots, x_{(j-1)i}^*, x_{ji}(t-1), x_{(j+1)i}^*, \cdots, x_{ni}^*) \right|}{T\Delta x_j}$$

$$(5-7)$$

（3）定义第 j 个分类样品为 $\Delta_j = \{\Delta_{j1}, \Delta_{j2}, \cdots, \Delta_{jk}\}(j=1,2,\cdots,l)$，其中 Δ_j 的含义是第 j 个设计变量对所有 k 个目标函数的影响因子集合。$\Delta = \{\Delta_1, \Delta_2, \cdots, \Delta_l\}$ 可以表示全部分类样品的集合。本章采用欧式距离来刻画样品之间的相似程度，则 Δ_p 和 Δ_q 的相似度 d_{pq} 可以通过欧式距离进行表示：

$$d_{pq} = \sqrt{\sum_{i=1}^{k} |\Delta_{pi} - \Delta_{qi}|^2} \quad (p, q = 1, 2, \cdots, l) \qquad (5-8)$$

根据相似度可以建立相似度矩阵：

$$\boldsymbol{D} = \begin{vmatrix} d_{11} & d_{12} & \cdots & d_{1l} \\ d_{21} & d_{22} & \cdots & d_{2l} \\ \vdots & \vdots & \vdots & \vdots \\ d_{l1} & d_{l2} & \cdots & d_{ll} \end{vmatrix} \qquad (5-9)$$

（4）对相似度矩阵 $\boldsymbol{D}$ 进行模糊聚类，进而得到 Δ 的分类结果，由于 $\Delta = \{\Delta_1, \Delta_2, \cdots, \Delta_l\}$ 和 $S = \{x_1, x_2, \cdots, x_l\}$ 各元素是相互对应的，因此 Δ 的聚类结果即 S 的聚类结果。根据聚类结果，设计变量集合 S 被分解为 k 个策略集 $S_1, S_2, \cdots, S_k$。进一步计算 S_i 所含设计变量分别对所有目标函数的影响因子之和，各博弈方根据影响因子之和的大小选取对应的策略集 S_i。

5.3.3　收益函数

博弈论可以分为合作博弈与竞争博弈。由于目标函数之间既可以存在合作关系，也可以存在竞争关系，因此本章分别比较了不同博弈行为下优化目标的区别，旨在为弹药调运策略的优化提供一定的参考。

在合作博弈模型中，策略集合是基于整体最优进行考虑得到的结果，因此得到的博弈结果 $S^* = \{S_1^*, S_2^*, \cdots, S_k^*\}$ 是一个 Praeto 前沿弱有效解。换句话说，对任意博弈方 i, S_i^* 是在给定其余博弈方的策略组合 $\overline{S_i^*} = \{S_1^*,$

$S_2^*, \cdots, S_{i-1}^*, S_{i+1}^*, \cdots, S_k^*$ 情况下该博弈方所作出的最优策略,该结果对于博弈整体来说是最优的,但是不能保证对每个博弈方都是最优结果,该结果不会使博弈个体的效用变差,且不存在另一个策略集合使所有博弈方的支付函数都变优,即 $u_i(S_i^*, \overline{S}_i^*) \leqslant u_i(S_i, \overline{S}_i)$ 对任意 S_i 都成立。据此建立合作博弈模型的收益函数为:

$$F(X) = \prod_{i=1}^{k} u_i = \prod_{i=1}^{k} \frac{f_i(X) - f_i(X^*)}{f_i^-(X) - f_i(X^*)} \qquad (5-10)$$

其中 u_i 为博弈方 i 执行博弈策略时自身的收益;$f_i(X)$ 表示策略集为 X 时第 i 个目标函数的值;$f_i(X^*)$ 为单目标优化时 $f_i(X)$ 的最优值,即目标函数的最小值;$f_i^-(X)$ 为单目标优化时 $f_i(X)$ 的最差值,即目标函数的最大值。

在竞争博弈模型中,各博弈方通过竞争方式争取自身收益最大化,因此其收益函数就等于各自的目标函数,即:

$$u_i = f_i(X) \quad (x = 1, 2, \cdots, m) \qquad (5-11)$$

竞争博弈可以得到满足各博弈方收益的纳什均衡解,尽管纳什均衡所得到的不一定为收益,但在竞争博弈中是最稳定的。

对于既有合作行为又有竞争行为的博弈模型,对目标函数进行模糊聚类之后,根据聚类结果和影响因子的大小将目标函数进行分类,相同类别的目标函数之间为合作博弈,不同类别目标函数之间为竞争博弈。

针对不同的博弈模型,在对目标函数进行分类之后,分别确定收益函数并通过遗传算法对目标问题进行求解。

5.4 案例仿真分析

假设在作战区域内有 5 个弹药储存点以及 10 个需要弹药供应的部队,每个作战部队的弹药需求量在 $[0,10]$ 内随机生成,储存点的弹药储备充足且能够满足所有弹药调运策略,见表 5-1。每个作战部队在战争初期都会随机生成一种作战级别,本章将作战级别分为 1～5 等级,等级越高则战事越严重,从而部队对于弹药的需求越迫切。作战部队与弹药储存点之间的距离同样在[0,10]内随机生成,并且每段道路具有不同的等级。本章通过道路容量来度量道路的等级,道路容量在[0,10]内随机生成,道路容量越大遭受敌方攻击的程度也越高。每段道路的交通流量在[0,10]内随机生成。另外,本章假设车辆通过所有道路的速度是相同的。

表 5-1　弹药需求数量

部队编号	1	2	3	4	5	6	7	8	9	10
弹药需求	8	5	4	6	2	6	2	6	7	8

基于以上作战环境,本章将通过合作竞争博弈模型给出每个作战部队需求都能得到满足的最优弹药调运策略。首先通过遗传算法求出每个作战部队针对每个目标函数所得到的最优调运策略。由于目标函数 f_1 是求最小值,因此本章以其倒数作为适应度函数,从而适应度的最大值即目标函数的最小值。遗传算法的最优适应度演化过程均以最优适应度的形式进行表示,结果分别如图5-1和图5-2所示。可以看出1 000期的演化结果基本趋于稳定,遗传算法收敛之后的结果即每个作战部队分别以时间因素和安全因素为目标时得到的最优调运策略,具体结果见表5-2和表5-3。

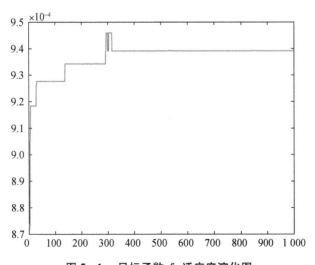

图 5-1　目标函数 f_1 适应度演化图

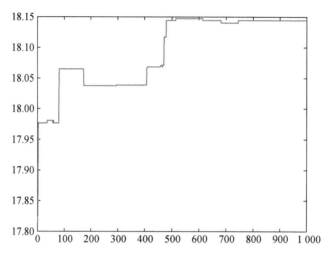

图 5 - 2   目标函数 f_2 适应度演化图

表 5 - 2   目标函数 f_1 个体最优调运策略

编号	1	2	3	4	5	6	7	8	9	10
1	4.17	0.08	0.05	1.05	0.28	1.65	0.37	2.11	0.38	2.86
2	2.00	0.79	1.54	2.02	0.56	1.20	0.22	0.13	2.17	0.23
3	0.03	0.33	1.41	0.25	0.53	1.82	0.64	1.16	1.92	0.37
4	0.43	2.00	0.28	1.24	0.55	0.31	0.34	1.94	1.46	2.62
5	1.37	1.79	0.72	1.44	0.08	1.02	0.43	0.65	1.06	1.92

表 5 - 3   目标函数 f_2 个体最优调运策略

编号	1	2	3	4	5	6	7	8	9	10
1	2.70	1.32	0.41	1.48	0.48	1.28	0.58	1.66	0.35	1.12
2	2.05	0.79	1.56	1.50	0.51	1.71	0.03	0.59	0.73	2.09
3	0.75	1.23	0.52	0.68	0.10	0.36	0.55	1.87	2.72	1.64
4	1.68	1.23	0.23	1.59	0.52	1.42	0.49	0.42	0.09	2.45
5	0.81	0.43	1.29	0.75	0.38	1.23	0.36	1.44	3.10	0.70

将本章的目标函数 f_1 和 f_2 分别作为博弈双方,通过影响因子和模糊聚类对博弈双方的策略集进行划分,得到结果为 $\{x_1,x_2,x_3,x_4,x_5,x_6,x_8,x_9,x_{10}\}$ 隶属于目标函数 f_1,而 $\{x_7\}$ 隶属于 f_2。根据策略集的划分结果,可以定义博弈模型的收益函数。由于本章进行博弈的目标函数只有两种,因此二者之间的博弈关系只能是合作博弈或者竞争博弈。另外,由于本章目标函数 f_1 和 f_2 分别求最小值和最大值,为了方便计算,本章将博弈方 f_2 的收益函数定义为原函数的倒数。因此,针对合作博弈模型定义收益函数如下:

$$\min F(X) = \frac{f_1(X) - f_1(X^*)}{f_1^-(X) - f_1(X^*)} \frac{f_2^-(X) - f_2(X^*)}{f_2(X) - f_2(X^*)} \qquad (5-12)$$

其中 $f_1(X^*) = 1\ 057$ 和 $f_1^-(X) = 1\ 505$ 分别为函数 f_1 单目标优化的最优值和最差值,$f_2(X^*) = 18.15$,$f_2^-(X) = 14.69$ 分别为函数 f_2 单目标优化的最优值和最差值。通过遗传算法求得上述目标函数的最小值,其结果即合作博弈情况下的最优弹药调运策略,具体结果见表 5-4。

表 5-4　合作博弈最优调运策略

编号	1	2	3	4	5	6	7	8	9	10
1	1.19	1.08	0.85	1.21	0.10	0.96	0.38	2.38	1.29	2.64
2	2.98	0.15	0.89	0.00	0.50	0.23	0.44	1.46	0.47	0.95
3	1.15	0.31	1.03	1.56	0.61	1.46	0.09	1.72	1.94	0.71
4	2.19	0.33	0.87	1.61	0.65	1.81	0.01	0.12	1.13	2.96
5	0.49	3.13	0.36	1.61	0.15	1.54	1.09	0.32	2.17	0.74

针对竞争博弈模型的求解,由于本章已对策略集进行模糊聚类,即从聚类分析的角度来说,目标函数 f_1 完全由 $\{x_1,x_2,x_3,x_4,x_5,x_6,x_8,x_9,x_{10}\}$ 决定,而目标函数 f_2 只与变量 $\{x_7\}$ 有关,因此,以 $\{x_7\}$ 在 f_1 下的单目标优化最优值为已知量,对目标函数 f_1 在变量集 $\{x_1,x_2,x_3,x_4,x_5,x_6,x_8,x_9,x_{10}\}$ 范围内进行单目标优化,得到的结果即除了 $\{x_7\}$ 以外其他变量的最优调运方案。同样,仅以 $\{x_7\}$ 为变量对目标函数 f_2 进行单目标优化,得到的结果即 $\{x_7\}$ 的最优调运方案。以上方案的并集即所有作战部队的最优弹药调运方案,具体结果见表 5-5。

表 5－5　竞争博弈最优调运策略

编号	1	2	3	4	5	6	7	8	9	10
1	0.19	1.25	0.02	1.31	0.55	0.89	0.00	1.79	0.41	2.80
2	0.34	1.32	0.97	0.61	0.15	0.26	0.07	0.92	1.82	0.28
3	2.20	0.05	1.24	1.43	0.22	1.45	1.88	0.37	2.16	1.04
4	3.77	0.79	0.65	1.35	0.60	1.72	0.03	1.41	0.36	2.75
5	1.50	1.59	1.12	1.29	0.48	1.69	0.01	1.50	2.25	1.12

通过对比合作博弈和竞争博弈得到的结果可以看出，有些作战部队调运方案非常类似，但也有些作战部队调运方案差别较大，说明在不同环境下作战部队弹药调运方案是有明显区别的。因此在实际弹药供给过程中，需要根据具体作战环境，衡量各博弈方信息和决策是否协商，进而确定合适的模型进行弹药最优调运方案的设计。

5.5　本章小结

本章针对作战部队弹药调运策略问题，综合考虑不同作战部队对弹药调运时间因素和安全因素需求程度的差异，通过多目标设计的方法对弹药调运策略进行优化。不同作战部队对于弹药的需求存在明显的利益冲突，而作为调运决策的制定者不仅需要满足所有作战部队的弹药需求，还要从全局的角度尽可能地优化整体收益。因此，本章通过引入博弈论的方法针对不同作战部队对不同影响因素的需求进行区分和度量，分别以合作博弈模型、竞争博弈模型和合作竞争博弈模型刻画不同的博弈环境，对弹药调运策略进行优化，既满足了时间因素和安全因素的要求，同时也考虑了博弈方之间的决策协商情况。仿真结果表明，相同的弹药需求通过不同模型得到的调运方案具有较大的差别，说明博弈方在信息和决策方面的共享协商能够明显影响弹药调运策略，而本章构建的博弈模型能够更加合理地为不同环境下具有差异化需求的弹药调运策略进行优化。

第6章

航空弹药动态调运决策优化模型研究

上一章研究了基于多目标的航空弹药静态调运决策优化问题。然而，航空弹药保障通常不是静态的过程，而是需要随着实时交通情况以及敌方打击情况等不确定性的因素及时调整航空弹药供给和运输策略以满足作战部队需求。本章主要考虑到航空弹药保障系统的动态特征，引入航空弹药储存和运输过程中的不确定性因素，一方面对航空弹药保障系统的运输路线和组合方案进行优化，以最短的时间保障各作战部队航空弹药的需求；另一方面针对作战环境的特征，将航空弹药具体的供应方式进行改进，以体现保障系统的效率性和安全性。

6.1 问题描述及解决思路

在作战环境下，首先需要调用航空弹药储存点进行弹药补给，但航空弹药储存点分布在多个位置，不同储存点与作战部队距离不同，而且不同的储存点所拥有的航空弹药数量可能也有不同。另外，不确定性因素的随机变化与动态性等特点决定了航空弹药保障是一个动态的过程。因此，如何根据航空弹药储存量和需求量进行调运方案组合优化，在确定了方案之后通过何种具体的运输方式进行供应，能够在满足作战部队需求的同时，使得航空弹药安全送到作战部队并且时间最短，是本章需要解决的重要问题。

航空弹药运输路径的优化是基于时间约束下的运输规划问题和组合优化问题。本章综合运用数学、系统学的理论和系统工程的方法，综合考虑航空弹药供需状况、交通状况和敌人破坏程度等因素，结合贝叶斯网络、决策模型和 Multi-Agent 模型对航空弹药运输路径和组合方案等进行研究和设计。

本章在航空弹药调运决策优化过程中涉及四种不同类型的 Agent，分别为作战部队需求 Agent、航空弹药储存 Agent、交通 Agent 和指挥 Agent。各种 Agent 的属性均不同：作战部队需求 Agent 和航空弹药储存 Agent 只负责决策各自的弹药需求量和储存量，交通 Agent 主要负责航空弹药运输过程中的交通状况，指挥 Agent 负责航空弹药调运决策的制定。尽管本章涉及 Multi-Agent 系统,但是各种类型 Agent 之间的关系主要是协助指挥 Agent 进行航空弹药调运方案的制定和实施,因此本章仅以指挥 Agent 作为决策主体,其他 Agent 则作为决策主体制定决策和实施方案时的协作主体。以本章的目标函数作为决策目标,指挥 Agent 需要根据作战区域的环境作出调运决策,然后将各种可行的航空弹药调运路径作为其备选决策方案集合,同时还要决定在具体的运输过程中通过何种方式来满足供应要求。作战部队需求 Agent 和航空弹药储存 Agent 均会遭受敌方攻击这种不确定性因素的影响,而交通 Agent 除了敌方攻击这种不确定性情况,还会遇到交通拥堵等不确定性情况。在最初进行决策的过程中指挥 Agent 首先根据所有不确定性情况的发生概率,以目标函数值作为评价值,通过贝叶斯决策网络方法综合确定一个最优的调运方案。在航空弹药实际调运过程中,指挥 Agent 与其他 Agent 之间随时保持通信,及时获取作战部队需求 Agent 和航空弹药储存 Agent 的信息,并作出相应的调度指挥决策,有效地完成调运任务。当任意 Agent 进入不确定性状态时,该 Agent 会要求与指挥 Agent 进行协作,在新的环境状态下计算航空弹药调运方案的目标函数作为评价值,最终根据评价值的高低,动态决定调运方案,实现航空弹药供应的保障。

Multi-Agent 之间的通信方式有多种,本章仍然采用黑板模式通信方式,通过指挥 Agent 来实现黑板的功能。首先航空弹药储存 Agent 和作战部队需求 Agent 分别将自己的储存信息和需求信息上报指挥 Agent,并且根据战场局势的变化,随时更新自己的信息。指挥 Agent 收到信息后及时与交通 Agent 通信,获取实时的交通状况,通过筛选确定最优的调运策略。当临时出现交通拥堵或者由于敌方攻击引起道路毁坏等不确定性情况,交通 Agent 将信息及时上报指挥 Agent,指挥 Agent 根据环境变化重新进行方案筛选,确定最优调运策略。

6.2 航空弹药调运策略优化模型

6.2.1 流程设计

首先指挥 Agent 根据已知的各种不确定性因素的经验信息,通过贝叶斯决策网络对各种备选方案进行综合评价,从而确定一个最优的航空弹药调运方案。在实施航空弹药调运的过程中,指挥 Agent 与其他 Agent 随时进行通信,根据获得的信息进行航空弹药调运方案的动态调整,具体过程如下:

(1) 航空弹药储存 Agent 和作战部队需求 Agent 分别将各自储存的航空弹药数量以及需要的航空弹药数量汇总上报给指挥 Agent。

(2) 指挥 Agent 收到航空弹药储存和需求信息后,及时与交通 Agent 进行通信,获取相关区域的交通信息状况。

(3) 交通 Agent 根据指挥 Agent 所给定的区域,整理实时的交通信息情况并将信息上报给指挥 Agent。

(4) 指挥 Agent 根据获取的交通信息状况对调运方案进行筛选优化,在保证每个作战部队需求 Agent 航空弹药需求得到满足的情况下,选择用时最少的方案。另外,为了保证在敌方攻击情况下作战部队尽快获得最基本的弹药补给,指挥 Agent 还需要决定具体通过何种方式进行运输(如大批集中运送、小批编组运送等)。

(5) 如果航空弹药储存 Agent 受到敌方攻击,则根据自己遭受敌方攻击所产生的损失情况,实时更新航空弹药储存数量,并将信息及时上报指挥 Agent。

(6) 交通 Agent 实时更新道路遭受敌方攻击的情况和交通拥堵的情况,并将信息及时上报指挥 Agent。

(7) 指挥 Agent 根据更新的航空弹药储存数量以及实时的交通状况,及时修改调配方案和供应的运输方案。

航空弹药实际调运过程中的具体流程见图 6-1。

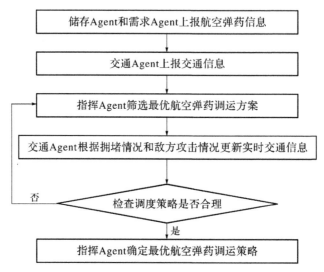

图 6-1　基于 Multi-Agent 的航空弹药调运决策优化流程

6.2.2　不确定性因素

将某因素考虑在内之后,事物既定的发展趋势和特征就不能通过技术手段加以准确地估计和预测,这样的因素即为不确定性因素。具体到作战环境,航空弹药供应保障过程中的不确定性因素有很多,主要由环境引起。在现代信息化的高技术战争中,能否管理和控制好弹药保障系统中的不确定性因素,是决定战争胜负的重要影响因素,如果没有对不确定性因素进行有效的估计和预防,不确定性的叠加最终必然会对作战行动产生巨大的负面效应。

影响航空弹药保障系统的不确定性因素主要包括以下两个方面:

(1)交通拥堵。如今城市交通发达,道路网络密集,随着车辆的逐渐增加,城市交通拥堵是普遍存在的问题,车辆排队现象严重且时有发生。随着交通的发达,现在通往目的地的可选路线往往有很多,但是通常出行较为方便的道路车流量比较大,因而拥堵的可能性更高。车辆拥堵虽然具有一定规律,但同时也充满不确定性,在这种情况下,一旦运输过程遇到车辆拥堵,会严重拖延航空弹药的供给时间,对战争造成重要的影响。

(2) 敌方攻击。在战场环境下,弹药保障系统一直是敌方重点攻击的目标。在现代信息化的高技术战争中,无论是航空弹药储存点还是航空弹药运输路径都会遭受更频繁、更猛烈的攻击,这些攻击会导致航空弹药损失以及运输工具与设施损毁等问题,也都会引起航空弹药保障的延迟甚至中断。

6.2.3　贝叶斯决策网络模型

本章节参考王剑 等(2015,2016)的研究方法,基于 Multi-Agent 模型将传统的贝叶斯网络和决策模型相融合,构建贝叶斯决策网络模型对航空弹药调运决策优化问题进行求解。本章节采用贝叶斯网络模型对 Multi-Agent 的决策过程进行建模,因为贝叶斯网络既可以处理信息的不确定性问题,同时也能够用于决策规则不确定的场合。另外,贝叶斯网络有助于刻画多主体系统决策过程中的因果关系,从而帮助管理者进行更有效的引导和控制,同时也有助于利用多主体仿真系统进行更可靠的预测。

对决策过程建模来说,贝叶斯网络的作用是描述事件之间因果关系的环境信息,贝叶斯网络最终呈现的是描述节点状态的条件概率,而该概率可以在 Agent 进行决策的过程中起到重要的参考作用。但是仅有描述事件因果关系的环境信息不能够代表 Agent 的决策,Agent 必须通过其判断最终产生具体的行为,才能完成最终的决策过程。对于 Agent 如何判断决策的优劣从而选择合适的决策,一般研究都是通过评价不同决策所产生的效用进行选择。因此,本章节在贝叶斯网络的基础上,引入效用理论用于判断和选择决策,在每个决策节点处都进行决策效用的计算,从而基于贝叶斯网络和效用决策模型构建了贝叶斯决策网络。

(1) 贝叶斯决策模型定义

由于本章节的决策部门涉及不同领域的 Agent,需要作战部队需求 Agent、航空弹药储存 Agent、交通 Agent 以及指挥 Agent 等相互协作共同决定调运策略,而且需要根据作战环境的变化动态更新决策,因此本章节构建 Multi-Agent 决策模型来描述调运过程的这些特征。Multi-Agent 决策模型包括决策主体、决策目标、决策方案以及决策过程中各种要素之间的关系。对于每个决策主体 Agent 来说,其决策流程可以表述为根据确定的决策目标选择合适的决策,然后判断不同决策方案的效用优劣并选择合适的决策方案实施。但是针对 Multi-Agent 系统,Agent 的决策不仅受自身能力的影响,有时还会受到其他 Agent 决策的影响,因此需要进一步分析不同的Agent 之间的决策以及决策方案之间的关系。图 6-2 给出了两个 Agent 协作实现决策目标的关系网络,具有多个决策主体的 Multi-Agent 系统基本类似,但是情况更为复杂。

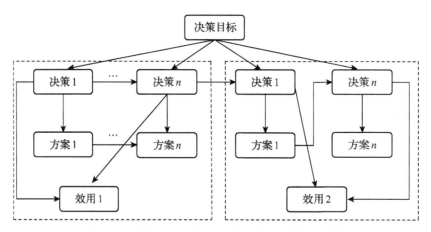

图 6-2　两个 Agent 协作实现决策目标的关系网络

图中虚线框代表两个不同的 Agent,框内为决策主体的决策流程;框内第一层表示决策节点,即针对决策目标,两个决策主体设计的一系列决策方案,因此其中输入的是决策目标;第二层表示决策主体根据决策做出的具体行为;最后一层表示决策主体所产生的整体效用,是决策方案的评价值,效用值会影响决策方案的选择。图中的连线表示决策过程各种环节之间的关系,可以看出它们之间的关系具有不确定性。当某个决策无法由一个 Agent 完成时,需要寻求其他相关 Agent 的协助,因此不同 Agent 之间会建立协同关系。

（2）贝叶斯决策模型描述

由于决策主体、决策以及决策方案的不确定性,基于 Multi-Agent 的决策方案选择问题也是风险决策问题,本章节引入一个 7 元组⟨$S,P,G,A,D,T,\boldsymbol{R}$⟩来描述风险决策问题。其中 $S = \{S_1,S_2,\cdots,S_n\}$,表示不确定事件 n 个情景状态的集合;$P = \{P_1,P_2,\cdots,P_n\}$,表示不确定事件每种状态发生的概率;$G = \{G_1,G_2,\cdots,G_n\}$,表示决策目标集合,决策目标是将需要解决的实际问题通过数学形式表达出来,决策目标决定了 Agent 采取的具体决策;$A = \{A_1,A_2,\cdots,A_m\}$,表示 m 个决策主体 Agent 的集合,Agent 既能够独立采取行动,也可以与其他 Agent 进行协作,其主要任务是根据决策目标,确定采取什么决策以及可能的决策方案;$D = \{D_1,D_2,\cdots,D_n\}$,表示 Agent 做出的决策的集合,决策之前 Agent 首先确认是否需要与其他 Agent 协作;$T = \{T_1,T_2,\cdots,T_m\}$,表示决策方案的集合,决策方案是 Agent 对决策实施过程的具体细化,决策方案是不确定的,可能有多种选择,Agent 需要根据效用值判断决策方案的优劣进而进行决策;$r = [r_{ij}]_{n\times m}$ 表示在情景 S_i 下采取决策方案 T_j 的评价值 r_{ij} 所组成的评价矩阵;$\boldsymbol{R} = [R_i]_{1\times m}$ 表示在不考虑不确定情景状态的情况下采取决策方案 T_i 的评价值 R_i 所组成的评价矩阵。

图 6 - 3 给出了对于单个决策来说考虑不确定性情景的风险决策问题。根据图中的描述,每个决策都可以生成多个决策方案,而每个决策方案又会面临很多可能的不确定性情景状态,不同情景状态的发生概率是不同的,因此其损益值也是不同的。

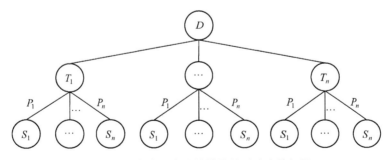

图 6 - 3　考虑不确定性情景的风险决策问题

(3) 贝叶斯决策方案的选择

对于某个确定的问题,通常来说 $S,P,\boldsymbol{R}$ 等信息是已知的,因此本章节要做的就是在各种不确定性环境状态和不确定性关系的前提下,通过贝叶斯决策网络对决策方案集合的效用进行综合评价,从而选择一个最优的初始方案。为了解决上述决策问题,本章构建了基于 Multi-Agent 的贝叶斯决策网络,通过 Agent 之间的协作过程刻画其不确定性关系。贝叶斯决策网络基本要素除了描述风险决策问题的 7 元组,还包括以下描述关系集合的各种要素:描述 Agent 之间的相互关系属性的集合用 $Q = \{Q_{11}, Q_{12}, \cdots, Q_{ij}\}$ 来表示,其中 $i, j \in \{1, 2, \cdots, m\}$,$Q_{ij} \in \{0, 1\}$,$Q_{ij} = 0$ 表示 i 和 j 之间没有协同关系,$Q_{ij} = 1$ 表示 i 和 j 之间有协同关系,其决策的确定需要其他 Agent 进行协作;决策之间的关系属性集合用 $F = \{F_{11}, F_{12}, \cdots, F_{xy}\}$ 来表示,其中 $x \in \{1, 2, \cdots, m\}$,$y \in \{1, 2, \cdots, n\}$,分别表示决策主体和决策方案的数量,$F \in \{0, 1\}$ 是贝叶斯网络中的条件概率,由其父节点中 Agent 之间的协作关系决定,具体来说,$F_{xy} = P(T_y \mid Q_{xk})(k = 1, 2, \cdots, m)$ 表示在决策主体 Q_x 与决策主体 Q_k 存在协作关系的情况下,决策主体 Q_x 采取决策方案 T_y 的概率,Q_x 或者采取该方案,或者不采取该方案,该概率的选择与父节点之间的协同关系有关,而父节点之间的协同关系由各种不确定性状态决定。

当 Agent 进行决策的时候,首先需要根据决策目标确定决策,然后根据决策确定具体的决策方案,在进行决策时不同 Agent 之间可以进行协作,当所有备选方案确定,需要根据贝叶斯决策网络计算每个决策方案的效用作为评价值,从而根据评价值的大小确定实施的决策方案。而对于每个决策方案来说,都可能遇到不确定性的环境状态,每种不确定性状态都具有发生概率,因此可以根据式(6-1)计算每个方案在状态 S_i 下的评价值 V_j:

$$V_j = \sum_{i=1}^{n} P_i r_{ij}, j = 1, 2, \cdots, m \qquad (6-1)$$

由于有多个决策主体参与决策,并且决策主体、决策以及决策方案之间的不确定关系,因此选择决策方案集合总的评价值不能只是所有决策方案的叠加,还应该考虑存在 Agent 协作对决策方案的影响。令 V_{ij} 表示决策主体 A_i 所执行的方案 T_j 的评价值,则针对决策中没有 Agent 协作关系的决策方案,其总的评价值可以表示为:

$$W_1 = \sum_{i=1}^{m} V_{ij}, j = 1, 2, \cdots, m \tag{6-2}$$

使得 $A_{ij} = 0$，其中 $i, j \in \{1, 2, \cdots, m\}$；$Q_{ij} = 0$，其中 $i, j \in \{1, 2, \cdots, n\}$。$A_{ij}$ 表示决策主体 A_i 与 A_j 之间是否存在协作关系；Q_{ij} 表示 A_i 的决策 D_j 是否对其他决策有影响。

对于决策中存在 Agent 协作关系的决策方案，其总的评价值可以表示为：

$$W_2 = \sum_{i=1}^{m} F_{ij} R_j, j = 1, 2, \cdots, m \tag{6-3}$$

使得 $A_{ij} = 1$，其中 $i, j \in \{1, 2, \cdots, m\}$；$Q_{ij} = 1$，其中 $i, j \in \{1, 2, \cdots, n\}$。

综上，决策方案集合总的评价值 W 可以表示为 $W = W_1 + W_2$。根据评价值的高低可以得到决策方案集的优劣，进而可以得到决策主体、决策和决策方案集合。

6.2.4　Multi-Agent 模型

（1）作战部队需求 Agent

当战争发生，作战部队需求 Agent 收到作战指示，首先就需要确认每个作战部队所需要的航空弹药数量等相关信息，并且及时地将需求信息传送到指挥 Agent。随着战事推进，战场局势多变，因而作战部队需求 Agent 需要根据战事情况实时更新需求信息，并且将其反馈给指挥 Agent，从而在作战部队临时需要航空弹药的进一步补给时，指挥 Agent 可以及时获取信息并生成调运策略对航空弹药的需求进行保障。

（2）航空弹药储存 Agent

航空弹药储存 Agent 从指挥 Agent 处获取作战信息之后，首先将每个储存点的航空弹药储备数量上报给指挥 Agent，然后根据指挥 Agent 发布的航空弹药调运策略，确认航空弹药运输路径，按要求调运航空弹药进行作战部队的补给。如果接到指挥 Agent 修改的调运策略，航空弹药储存 Agent 需要立刻对原有的调运策略作出相应的调整并更新。航空弹药储存 Agent 按调运策略实施弹药补给的过程中，实时将各存储点的航空弹药储备数量反馈到指挥 Agent,如果储存点遭受敌方攻击造成弹药储备损失而不能完成作战部队的航空弹药需求保障任务,指挥 Agent 可以及时获取信息并进行航空弹药调运策略的调整。

（3）交通 Agent

交通 Agent 是航空弹药调运策略优化的基础,也是航空弹药保障系统的重要信息来源,其主要功能是实时收集航空弹药运输路径地理覆盖范围内的相关数据,根据数据分析交通路况信息,具体包括每个路段的通行能力、每个路段的交通流量、敌方攻击的路段位置以及遭受攻击路段的损坏程度等,最终确定每个路段的运输时间,并将更新的交通路况信息及时上报到指挥 Agent。

由于交通 Agent 收集的交通状况信息包括多种数据类型,为了方便指挥 Agent 更加迅速地筛选最优航空弹药调运策略,交通 Agent 需要对原始数据进行分析,将交通状况以运输时间的形式上报指挥 Agent,具体的转换过程如下:

假设 l 表示航空弹药运输范围内某路段的距离;v 表示不存在交通拥堵且不存在敌方攻击的路段内,航空弹药运输车辆的通行速度;c 表示该路段的通行能力,衡量道路容量的大小;p 表示该路段的交通流量,衡量车辆的多少;该路段遭受敌方打击的损坏程度为 h。

对于正常的路段,既不存在交通拥堵也不存在敌方攻击,运输车辆通过该路段的时间为:

$$t_1 = \frac{l}{v} \qquad (6-4)$$

对于产生交通拥堵的路段,运输车辆通过该路段的时间可采用美国联邦公路局路阻函数模型估计:

$$t_2 = t_1 \left[1 + \alpha \left(\frac{p}{c} \right)^{\beta} \right] \qquad (6-5)$$

其中,α 和 β 为相关参数,参考王炜(2007)的研究,取值分别为 $\alpha = 0.15$,$\beta = 4$。

对于遭受敌方攻击的路段,首先交通 Agent 组织相关领域专家对道路损坏程度进行打分,道路没有损坏时 $q=0$,道路完全损坏时 $q=1$,则航空弹药运输车辆通过敌方打击路段的时间为:

$$t_3 = \begin{cases} t_2(1+q)^\lambda, q < 1 \\ \infty, q = 1 \end{cases} \qquad (6-6)$$

其中 λ 为相关参数,同样参考王炜(2007)的研究,取值为 $\lambda = 4$。

(4) 指挥 Agent

指挥 Agent 既是航空弹药调运系统的核心,负责航空弹药最优调运策略以及具体运输方式的决策,进行全局规划,领导整个 Multi-Agent 系统实现全局目标;同时又是整个系统重要的数据整理中心,起到黑板的作用,负责各 Agent 之间数据的通信和协调工作。具体来说,指挥 Agent 的主要功能可分为以下几个方面。

① 信息共享平台

指挥 Agent 是整体航空弹药调运系统中的核心部分,其他所有 Agent 的信息都是直接传送给指挥 Agent,而所有的命令也是由指挥 Agent 进行发布,因此其他 Agent 获取信息的平台只有指挥 Agent,通过指挥 Agent,所有单位之间实现通信交流和信息共享,同时指挥 Agent 能够保证所有信息的及时性。作为信息共享平台,指挥 Agent 所包含的信息类型有:

作战部队航空弹药需求信息。作战部队需求 Agent 收集与更新的作战单位需求信息必须通过通信单元及时上报给指挥 Agent,以便指挥 Agent 及时作出准确有效的决策。

资源储备信息。资源储备信息表明了每个储存点所具有的航空弹药数量,该信息由航空弹药储存 Agent 收集并上报。上报的信息应该区分平时弹药储备和战时弹药储备,并且应根据事态的发展,每隔一段时间动态更新储存状态信息。这部分信息是航空弹药动态调运优化的基础。

交通状况信息。由于交通状况随着时间的变化具有动态性和随机性,因此交通 Agent 需要实时收集交通状况信息并及时上报到指挥 Agent。上报的信息要全面覆盖战争区域内所有可行的交通路线网络,以便指挥 Agent 根据信息及时调整调运策略。

② 航空弹药动态调运决策优化单位

建立动态调运优化策略，指挥 Agent 首先需要作战部队需求 Agent 的航空弹药需求以及各个航空弹药储存 Agent 的储备情况，一方面需要确定可行的调运策略，另一方面根据调运策略，指挥 Agent 需要决定航空弹药的具体运输方式；然后根据交通 Agent 上报的交通信息状况以及实时的反馈信息，筛选并调整相应的航空弹药调运策略，之后，根据实时交通状况和敌方攻击情况，动态决定采用何种运输方式进行供应，对于交通便利且敌方攻击较少的调运策略，可以通过大批集中运输的方式供应，对于交通拥堵且敌方攻击较多的调运策略，可以选择小批编组或者小批编组与大批集中相结合的方式进行供应。

6.2.5　航空弹药动态调运决策优化模型

航空弹药动态调运决策优化模型是指挥 Agent 提供最终决策的重要参考依据，是航空弹药调运系统的核心。战争时期参与保障的每个储存点航空弹药的调运量是多少，每个作战部队的航空弹药由哪些储存点进行保障，航空弹药通过什么样的运输路线送达作战部队，针对不同的运输路线具体采用什么运输方式进行供应，这些问题都是动态调运优化决策模型所需要解决的。具体来说，在作战部队需求 Agent 确定了航空弹药需求量的情况下，动态调运优化模型的总体目标是从动态变化的道路网络中将作战所需的航空弹药从储存点调运至作战部队，在保证每个作战部队需求得到满足的前提下尽量使调运的时间最少。

假设 $m_i(i=1,2,\cdots,m)$ 为参加保障的航空弹药储存点；s_i 表示储存点 i 所储存的航空弹药数量；$n_j(j=1,2,\cdots,n)$ 为作战部队航空弹药需求点；d_j 表示作战部队需求点 j 所需要的航空弹药数量；l_{ij} 表示弹药储存点 i 到部队需求点 j 的距离；t_{ij} 表示弹药储存点 i 到部队需求点 j 的运输时间；h_i 表示航空弹药储存点 i 遭受攻击的程度。

航空弹药动态调运决策的优化，首先要求确定一个初始最优的航空弹药调配方案，即确定每个航空弹药储存点相应的航空弹药供给数量 x_i，使得航空弹药调运结果满足作战部队需求的条件。假设任一航空弹药调配方案为：

$$\varphi = \{(s_1, x_1), (s_2, x_2), \cdots, (s_m, x_m)\} \qquad (6-7)$$

则必须满足约束条件：

$$x_i \leqslant s_i \qquad (6-8)$$

$$\sum_{j=1}^{n} r_{ij} d_j \leqslant s_i \qquad (6-9)$$

$$\sum_{i=1}^{m} r_{ij} = 1 \qquad (6-10)$$

其中，约束条件(6-9)保证了各作战部队的需求都能得到满足；约束条件(6-10)表示确保作战部队的需求只能由一个航空弹药储存点满足，不能同时由多个储存点共同满足，即 m 个 r_{ij} 中只有一个为非零元素，其他元素均为 0。

航空弹药动态调运决策优化的总体目标是在保证作战部队需求得到满足的前提下尽量使运输时间最少，因此目标函数为作战所需的航空弹药从储存点运输到作战部队所消耗的总时间最短。对于最短时间的求解，本章节将道路抽象为交叉口和路段组成的无向网络图 $G = (A, V, E, W)$，其中 $A = \{(i,j) \mid i \in [1, m], j \in [1, n]\}$，表示航空弹药供应关系集合，$i$ 和 j 分别表示储存节点和需求节点的标号；$V = \{1, 2, \cdots, k\}$，表示航空弹药运输车辆可能经过的道路节点集合；$E = \{(a, b) \mid a, b = 1, 2, \cdots, k, a \neq b\}$，表示运输车辆所有可能走过的路段集合，$a$ 和 b 表示道路网络中节点的标号；$W = \{w_{ab} \mid a, b = 1, 2, \cdots, k\}$，表示路段 (a, b) 的权重集合，w_{ab} 由路段 (a, b) 的通行时间决定，其表达式为：

$$w_{ab} = \begin{cases} t_1, & \text{正常路段} \\ t_2, & \text{拥堵路段} \\ t_3, & \text{攻击路段} \\ 0, & a = b \end{cases} \qquad (6-11)$$

因此,航空弹药动态调运决策优化的目标函数为:

$$\min\sum_{i=1}^{m}\sum_{j=1}^{n}r_{ij}w_{ab}(a,b=1,2,\cdots,k) \tag{6-12}$$

其中 r_{ij} 表示航空弹药从储存点 i 运输到部队需求点 j 之间的供应关系。如果存在供应关系,则 $r_{ij}=1$,否则 $r_{ij}=0$。

6.3 航空弹药动态调运决策优化模型求解

由航空弹药调运决策的数学描述可见,为了得到动态调运最优方案,首先必须求解出从各航空弹药储存点到各作战部队需求点的最短时间,然后根据整体时间最短原则确定航空弹药调运路线和各储存点的航空弹药储备量。由于航空弹药储存点和作战部队均由多个构成,针对多源时间最短路径的求解,本章节所采用的是 Floyd-Warshall 算法。

Floyd-Warshall 算法是求解多源时间最短路径问题最为常用的一种算法。该算法通过网络图形来表示道路环境,网络中的点表示道路节点,网络的边表示两点之间的连通性,而边是具有权重的,边的权重用于表示道路的参数。如何寻找网络中任意两点之间的最短路径,理论上分析从任意节点 i 到任意节点 j 可以有两种选择:一种从 i 直接到 j,中途不经过其他点;另外一种是从 i 经过其他节点 a 间接到 j。如果令 $D(i,j)$ 表示节点 i 到节点 j 最短路径的距离,则判断经过节点 a 是否是最短路径的办法是对于每一个节点 a,是否满足条件 $D(i,a)+D(a,j)<D(i,j)$,如果满足,则证明从 i 到 a 再到 j 的路径比从 i 直接到 j 的路径短,此时可以更新 $D(i,j)=D(i,a)+D(a,j)$,这样一来当遍历完所有节点 a,$D(i,j)$ 中记录的便是从 i 到 j 最短路径的距离。

假设 G 是一个加权无向网络图,表示航空弹药储存点和作战部队的位置以及道路网络,$m_i(i=1,2,\cdots,m)$ 表示航空弹药储存点,$n_j(j=1,2,\cdots,n)$ 表示作战部队需求点,$v_a(a=1,2,\cdots,k)$ 表示航空弹药运输车辆可能经过的道路节点,要求得到从 m_i 到 n_j 的时间最短路径,根据 Floyd(1962) 和 Warshall(1962) 的研究,Floyd-Warshall 算法具体步骤如下:

(1)初始化距离矩阵 $\boldsymbol{D}$,$D(i,j)$ 的距离为节点 i 到节点 j 之间道路的权重,如果节点 i 和节点 j 不直接相邻,则 $D(i,j) = \infty$;初始化路径矩阵 $\boldsymbol{P}$,$P(i,j) = j$,表示节点 i 到节点 j 经过了 $P(i,j)$ 记录的值所表示的节点。

(2) 如果 $D(i,a) + D(a,j) < D(i,j)$,则更新距离 $D(i,j) = D(i,a) + D(a,j)$,同时更新路径 $P(i,j) = P(i,a-1)$;否则不进行更新。

(3) 如果 $a = k$,程序结束,否则重复过程(2)。

6.4 案例仿真分析

假设在某战区内有 5 个航空弹药储存点以及 5 个需要供应的部队,该战区的道路网络如图 6-4,其中 m_i 和 n_j 分别表示航空弹药储存点和作战部队的位置,v_a 表示道路网络中的道路节点,图中的线段表示道路可以通行,线段的长度表示道路的距离,线段的粗细表示道路的容量。要求给出每个作战部队需求都能得到保障的航空弹药动态最优调运方案和运输方式。

由于相关数据的保密性要求,无法获取道路网络环境的各项实际数据以及航空弹药储存需求的相关数据,因此相关参数均由程序随机产生,模拟一种航空弹药调运环境,包括每个作战部队航空弹药需求数量、作战部队与航空弹药储存点之间路网中每段道路的距离、道路的容量、道路的交通流量以及损坏程度,分别见表 6-1 和表 6-2。

表 6-1 航空弹药需求数量

部队编号	n_1	n_2	n_3	n_4	n_5
需求量	4	1	8	7	4

表6-2 路网中每段道路的距离/容量/交通流量/损坏程度

	m_1	m_2	m_3	m_4	m_5	v_1	v_2	v_3	v_4	v_5
m_1	0	3/6/2/0.3	—	2/1/1/0.8	—	—	—	—	—	—
m_2	3/6/2/0.3	0	—	—	—	—	—	—	4/1/1/0.8	—
m_3	—	—	0	—	—	3/2/2/0.8	—	—	—	—
m_4	2/1/1/0.8	—	—	0	—	5/3/3/0.3	—	—	—	—
m_5	—	—	—	—	0	—	—	2/3/2/0.1	2/2/1/0.5	5/9/2/0.1
v_1	—	—	3/2/2/0.8	5/3/3/0.3	—	0	—	—	—	1/6/1/1
v_2	—	—	—	—	—	—	0	2/8/1/0.2	—	—
v_3	—	—	—	—	2/3/2/0.1	—	2/8/1/0.2	0	4/7/4/1	—
v_4	—	4/1/1/0.8	—	—	2/2/1/0.5	—	—	4/7/4/1	0	—
v_5	—	—	—	—	5/9/2/0.1	1/6/1/1	—	—	—	0
v_6	—	—	—	—	2/3/1/0.8	3/10/6/0.9	5/4/10/0.1	—	3/3/1/0.4	3/7/1/0.3
v_7	—	—	—	—	—	—	—	—	—	—
v_8	—	—	—	—	—	—	—	—	—	—
v_9	—	—	—	—	4/9/1/0.1	—	2/7/3/0.1	—	—	—

（续表）

	m_1	m_2	m_3	m_4	m_5	v_1	v_2	v_3	v_4	v_5
v_{10}	—	2/6/1/0.6	—	—	—	—	—	—	2/8/1/0.5	2/6/5/0.4
n_1	5/4/1/0.9	—	—	—	4/3/1/0.4	—	—	—	—	—
n_2	—	—	—	—	—	—	3/3/1/0.2	3/4/2/0.2	—	—
n_3	—	—	5/6/1/0.9	—	—	3/4/1/0.5	—	—	—	—
n_4	—	5/4/1/0.9	2/5/2/0.4	—	—	2/1/1/0.1	—	—	—	—
n_5	—	—	4/5/5/0.4	—	—	—	—	—	—	—

	v_6	v_7	v_8	v_9	v_{10}	n_1	n_2	n_3	n_4	n_5
m_1	—	—	—	—	—	5/4/1/0.9	—	—	—	—
m_2	—	—	—	—	—	2/6/1/0.6	—	—	5/4/1/0.9	—
m_3	—	—	—	—	—	—	—	5/6/1/0.9	2/5/2/0.4	4/5/5/0.4
m_4	—	—	—	—	—	—	—	—	—	—
m_5	2/3/1/0.8	—	—	4/9/1/0.1	—	4/3/1/0.4	—	—	—	—
v_1	3/10/6/0.9	—	—	—	—	—	—	3/4/1/0.5	2/1/1/0.1	—
v_2	5/4/1/0.1	—	—	2/7/3/0.1	—	—	3/3/1/0.2	—	—	—

（续表）

	v_6	v_7	v_8	v_9	v_{10}	n_1	n_2	n_3	n_4	n_5
v_3	3/3/1/0.4	—	—	—	—	—	3/4/2/0.2	—	—	—
v_4	3/7/1/0.3	—	—	—	—	2/8/1/0.5	—	—	—	—
v_5	—	—	—	—	—	2/6/5/0.4	—	—	—	—
v_6	0	—	—	—	4/4/4/0.6	3/7/1/0.1	—	—	—	—
v_7	—	0	—	—	—	—	3/1/1/0.4	—	5/10/9/0.8	—
v_8	—	—	0	—	—	—	—	5/7/1/0.5	—	3/10/5/0.2
v_9	—	—	—	0	—	—	5/7/1/0.5	3/1/1/0.3	—	—
v_{10}	4/4/4/0.6	—	—	—	0	—	2/5/2/0	3/1/1/0.3	—	—
n_1	3/7/1/0.1	—	—	—	—	0	5/7/2/0.9	—	—	5/10/1/0.4
n_2	—	3/1/1/0.4	—	5/7/1/0.5	2/5/2/0	5/7/2/0.9	0	—	—	—
n_3	—	—	5/7/1/0.5	3/1/1/0.3	3/1/1/0.3	—	—	0	—	—
n_4	—	5/10/9/0.8	—	—	—	—	—	—	0	—
n_5	—	—	3/10/5/0.2	—	—	5/10/1/0.4	—	—	—	0

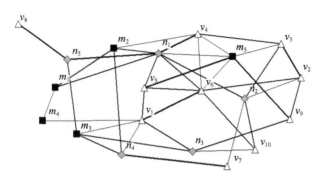

图 6-4　作战区域道路网络图

由式(6-5)至式(6-7)可知,在不经历战争的时期,道路的距离、容量和交通流量共同决定车辆通过该路段的时间。假如航空弹药运输车辆正常的速度均为1,根据式(6-12),可以将所有影响车辆通过时间的道路特征整合为道路的权重,具体如表6-3。交通 Agent 将道路权重信息上报指挥 Agent。

表 6-3　平时路网中每段道路的权重

	m_1	m_2	m_3	m_4	m_5	v_1	v_2	v_3	v_4	v_5
m_1	0	3.01	—	2.65	—	—	—	—	—	—
m_2	3.01	0	—	—	—	—	—	—	5.29	—
m_3	—	—	0	—	—	3.97	—	—	—	—
m_4	2.65	—	—	0	—	6.61	—	—	—	—
m_5	—	—	—	—	0	—	—	2.12	2.04	5.00
v_1	—	—	3.97	6.61	—	0	—	—	—	1.00
v_2	—	—	—	—	—	—	0	2.00	—	—
v_3	—	—	—	—	2.12	—	2.00	0	4.13	—
v_4	—	5.29	—	—	2.04	—	—	4.13	0	—
v_5	—	—	—	—	5.00	1.00	—	—	—	0
v_6	—	—	—	—	2.01	3.12	5.01	—	3.01	3.00
v_7										
v_8										

（续表）

	m_1	m_2	m_3	m_4	m_5	v_1	v_2	v_3	v_4	v_5
v_9	—	—	—	—	4.00	—	2.02	—	—	—
v_{10}	—	—	—	—	—	—	—	—	—	—
n_1	5.01	2.00	—	—	4.01	—	—	—	2.00	2.30
n_2	—	—	—	—	—	—	3.01	3.06	—	—
n_3	—	—	5.00	—	—	3.00	—	—	—	—
n_4	—	5.01	2.02	—	—	2.65	—	—	—	—
n_5	—	—	5.29	—	—	—	—	—	—	—

	v_6	v_7	v_8	v_9	v_{10}	n_1	n_2	n_3	n_4	n_5
m_1	—	—	—	—	—	5.01	—	—	—	—
m_2	—	—	—	—	—	2.00	—	—	5.01	—
m_3	—	—	—	—	—	—	—	5.00	2.02	5.29
m_4	—	—	—	—	—	—	—	—	—	—
m_5	2.01	—	—	4.00	—	4.01	—	—	—	—
v_1	3.12	—	—	—	—	—	—	3.00	2.65	—
v_2	5.01	—	—	2.02	—	—	3.01	—	—	—
v_3	—	—	—	—	—	—	3.06	—	—	—
v_4	3.01	—	—	—	—	2.00	—	—	—	—
v_5	3.00	—	—	—	—	2.30	—	—	—	—
v_6	0	—	—	—	5.29	3.00	—	—	—	—
v_7	—	0	—	—	—	—	3.97	—	6.03	—
v_8	—	—	0	—	—	—	—	—	—	3.06
v_9	—	—	—	0	—	—	—	5.00	—	—
v_{10}	5.29	—	—	—	0	—	2.02	3.97	—	—
n_1	3.00	—	—	—	—	0	5.01	—	—	5.00
n_2	—	3.97	—	—	2.02	5.01	0	—	—	—
n_3	—	—	—	5.00	3.97	—	—	0	—	—
n_4	—	6.03	—	—	—	—	—	—	0	—
n_5	—	—	3.06	—	—	5.00	—	—	—	0

指挥 Agent 首先根据交通 Agent 提供的道路权重信息,求解每个作战部队的航空弹药运输的最短时间,见表 6-4;然后根据式(6-9)所给的目标函数,确定作战部队的需求分别由哪个航空弹药储存点进行调配可以保证整体的航空弹药运输时间最短;再根据作战部队需求 Agent 的需求以及航空弹药储存 Agent 的环境,确定每个航空弹药储存点至少需要多少航空弹药储存量,见表 6-5。

表 6-4 平时航空弹药运输时间

	n_1	n_2	n_3	n_4	n_5
m_1	5.01	10.02	11.31	8.02	10.01
m_2	2.00	7.01	8.30	5.01	7.00
m_3	7.27	10.99	5.00	2.02	5.29
m_4	7.66	12.67	9.61	9.26	12.66
m_5	4.01	5.18	8.13	7.78	9.01

表 6-5 平时航空弹药储存量

储存点编号	m_1	m_2	m_3	m_4	m_5
储存数量	—	4	19	—	1

从表 6-4 中可以看出,作战部队 $n_1 \sim n_5$ 的航空弹药需求分别由储存点 m_2、m_5、m_3、m_3 和 m_3 进行调配,可以实现整体运输时间最短,使战争需求尽快得到保障。作战部队 $n_1 \sim n_5$ 最短的航空弹药运输策略分别为:$m_2 \sim n_1$;$m_5 \sim v_3 \sim n_2$;$m_3 \sim n_3$;$m_3 \sim n_4$;$m_3 \sim n_5$。由于战争初期,运输方案的决策并没有考虑敌方打击等因素,也不能完全保证该弹药运输方案实施过程中不会受到敌方攻击,因此出于安全性和灵活性的考虑,此时方案不适合将所有弹药同时大批量前送,可以采用大批集中前送和小批编组混合供应的方式进行弹药的运输。

当战争开始,随着战事的进行,网络中的道路随机受到敌方攻击,产生不同程度的损坏,假如此时道路的损坏程度如表 6-2 所示,则交通 Agent 需要及时对道路的权重进行调整并将新的信息上报指挥 Agent,调整后的道路权重如表 6－6 所示。

表 6－6　战时路网中每段道路的权重

	m_1	m_2	m_3	m_4	m_5	v_1	v_2	v_3	v_4	v_5
m_1	0	24.56	—	291.48	—	—	—	—	—	—
m_2	24.56	0	—	—	—	—	—	—	582.96	—
m_3	—	—	0	—	—	437.22	—	—	—	—
m_4	291.48	—	—	0	—	53.94	—	—	—	—
m_5	—	—	—	—	0	—	—	4.54	52.22	10.73
v_1	—	—	437.22	53.94	—	0	—	—	—	256.06
v_2	—	—	—	—	—	—	0	8.6	—	—
v_3	—	—	—	—	4.54	—	8.6	0	1057.02	—
v_4	—	582.96	—	—	52.22	—	—	1057.02	0	—
v_5	—	—	—	—	10.73	256.06	—	—	—	0
v_6	—	—	—	—	221.22	529.51	10.73	—	44.44	24.47
v_7	—	—	—	—	—	—	—	—	—	—
v_8	—	—	—	—	—	—	—	—	—	—
v_9	—	—	—	—	8.57	—	4.33	—	—	—
v_{10}	—	—	—	—	—	—	—	—	—	—
n_1	850.17	85.92	—	—	59.25	—	—	—	51.26	33.94
n_2	—	—	—	—	—	—	12.95	13.14	—	—
n_3	—	—	849.37	—	—	76.98	—	—	—	—
n_4	—	850.17	29.74	—	—	5.67	—	—	—	—
n_5	—	—	78.07	—	—	—	—	—	—	—

	v_6	v_7	v_8	v_9	v_{10}	n_1	n_2	n_3	n_4	n_5
m_1	—	—	—	—	—	850.17	—	—	—	—
m_2	—	—	—	—	—	85.92	—	—	850.17	—
m_3	—	—	—	—	—	—	—	849.37	29.74	78.07
m_4	—	—	—	—	—	—	—	—	—	—
m_5	221.22	—	—	8.57	59.25	—	—	—	—	—
v_1	529.51	—	—	—	—	—	—	76.98	5.67	—
v_2	10.73	—	—	4.33	—	12.95	—	—	—	—
v_3	—	—	—	—	—	13.14	—	—	—	—
v_4	44.44	—	—	—	—	51.26	—	—	—	—
v_5	24.47	—	—	—	—	33.94	—	—	—	—
v_6	0	—	—	—	227.2	6.43	—	—	—	—
v_7	—	0	—	—	—	—	58.55	—	664.79	—
v_8	—	—	0	—	—	—	—	—	—	13.14
v_9	—	—	—	0	—	—	—	128.16	—	—
v_{10}	227.2	—	—	—	0	—	2.02	32.36	—	—
n_1	6.43	—	—	—	—	0	850.88	—	—	73.79
n_2	—	58.55	—	—	2.02	850.88	0	—	—	—
n_3	—	—	—	128.16	32.36	—	—	0	—	—
n_4	—	664.79	—	—	—	—	—	—	0	—
n_5	—	—	13.14	—	—	73.79	—	—	—	0

　　指挥 Agent 根据交通 Agent 实时反馈的道路权重信息,重新求解每个部队航空弹药运输的最短时间,见表 6 - 7;然后计算作战部队的需求分别由哪个航空弹药储存点进行调配,并且根据作战部队需求 Agent 的需求以及航空弹药储存 Agent 的环境,确定每个航空弹药储存点至少需要多少航空弹药储

存量,见表 6-8;再将结果通知航空弹药储存 Agent,以便储存 Agent 及时进行航空弹药筹备。

表 6-7　战时航空弹药运输时间

	n_1	n_2	n_3	n_4	n_5
m_1	110.48	140.59	174.97	257.62	184.27
m_2	85.92	116.03	150.41	233.06	159.71
m_3	151.86	146.77	112.39	29.74	78.07
m_4	195.41	165.30	130.92	59.61	167.42
m_5	30.06	17.68	52.06	134.71	103.85

表 6-8　战时航空弹药储存量

储存点编号	m_1	m_2	m_3	m_4	m_5
储存数量	—	—	13	—	11

从表 6-7 中可以看出,在战争环境下,由于道路遭受敌方攻击而损坏,原来的时间最短路线已经不再是最优方案,更新的调运方案中作战部队 n_1 ～ n_5 的航空弹药需求分别从储存点 m_5、m_5、m_5、m_3 和 m_3 进行调配,可以实现整体运输时间最短,使战争需求尽快得到保障。此时作战部队 n_1 ～ n_5 最短的航空弹药运输策略更新为:m_5 ～ v_9 ～ v_2 ～ v_6 ～ n_1;m_5 ～ v_3 ～ n_2;m_5 ～ v_3 ～ n_2 ～ v_{10} ～ n_3;m_3 ～ n_4;m_3 ～ n_5。通过作战环境下模型的决策结果可以看出,在考虑敌方攻击等因素时,航空弹药的运输策略会有临时的调整。针对不容易被敌方攻击的运输方案,例如作战部队 n_2、n_4 和 n_5 的运输路线几乎没有受到敌方攻击的影响,因此可以继续保持大批集中前送和小批编组供应的方式进行运输。而对于原定运输路线被敌方攻击影响的作战部队 n_1 和 n_3,由于更换调运路线之后经过的储存点增加,路线变得更为复杂,而且被敌方攻击的可能性较大,因此应该选择以小批编组供应为主的方式进行弹药运输,这样既增加了运输的灵活性,也增加了运输的安全性。

6.5　本章小结

　　本章在仿真的作战环境中,将道路的拥堵程度和遭受敌方攻击的程度通过模型转化为车辆通行时间的大小并以此作为该路段的权重,从而通过多源时间最短路径问题对航空弹药调运决策进行优化,通过 Floyd-Warshall 算法得到了航空弹药运输最优运输路径以及参与调配的储存点最低航空弹药容量。另外,本章充分考虑航空弹药运输过程中的交通状况和作战状况等不确定性因素对调运决策方案的影响,通过引入贝叶斯决策网络,综合评价各种不确定因素存在时航空弹药调运的最优方案,并针对不同时期的最优调运方案选择大批集中供应和小批编组供应的具体运输方式。在航空弹药的实际调运过程中各种 Agent 随时保持通信,例如交通 Agent 实时反馈作战区域路况信息给指挥 Agent,运用 Multi-Agent 技术协同性的优势使各种 Agent 进行协作,根据作战环境及时更新调运策略以及运输方式,从而为部队作战提供可靠的保障。

第7章

航空弹药供应保障决策支持系统设计

在航空弹药消耗预测模型、航空弹药储存布局优化模型以及航空弹药调运决策优化模型的研究基础上,本章结合航空弹药保障的特点,给出相应的航空弹药供应保障决策支持系统设计方案。

7.1　设计背景

目前空军作战所需的航空弹药主要储存在不同的仓库中,航空弹药保障及时、准确,充分满足了航空兵部队战训需要。但是,在航空弹药使用保障中也存在着信息掌握不及时、调配使用随意性大、保障效益不高等问题,急需综合运用信息技术手段,开展以任务需求为牵引,以提高保障效益为目的的航空弹药保障决策支持系统研究,以提升其保障使用决策水平和质量。

研制该系统,既是完善空军航空弹药装备信息化保障体系的任务要求,也是提高基于信息系统的体系作战能力、实施转型建设发展的重要体现。

7.2　设计目标

针对当前弹药使用与保障现状,以任务需求为牵引,以提高保障效益为目的,依托信息系统,将弹药使用保障要求与经验体系化,并加以提炼和规范,建立弹药使用保障规则库,收集使用保障信息,建立数据仓库,分析挖掘使用保障规律。在此基础上,依托信息系统,研究一套面向部队网络化使用、智能化决策支持系统。该系统能帮助部队科学高效地完成弹药的采购、调配、储备和训练消耗等各项业务工作,实现弹药使用保障决策由“人工经验型”向“科学智能型”转变,有效提升弹药使用保障水平。

7.3　设计原则

该系统建设遵循以下基本原则:

（1）注重实用，提高效能

研发该决策支持系统的目的是提高各级机关和部队对航空弹药的管理水平和保障效益。因此，在该系统的建设过程中，必须着眼实际应用，提高实际利用效率。

（2）理论先导，需求牵引

按照空军航空弹药现有的管理体系，跟踪国内外决策支持系统的先进信息技术，以解决部队的急需为出发点，瞄准未来发展趋势，积极采用先进成熟的技术手段，谋求航空弹药使用保障决策支持系统的跨越式发展。

（3）强化标准，综合集成

该系统建设应在空军装备信息化建设规划、标准和规范的约束下进行，在统一系统规范、统一数据库平台下综合集成，在应用层面上要能够无缝融入空军装备综合信息化大系统之中。

7.4 设计内容

系统建设设计内容主要包括：决策流程设计、基础理论及关键技术研究和软件系统设计研发。

7.4.1 决策流程设计

航空弹药保障系统是复杂的体系，其中包括很多方面，如航空弹药消耗量、航空弹药储存布局以及航空弹药调运等多个不同角度的模块。航空弹药保障决策支持系统需要同时兼顾各方面的情况，因此需要具有多方面的功能。

（1）确定航空弹药消耗量

通过邻域粗糙集属性约简确定航空弹药训练消耗的主要影响因素，再运用改进的深度神经网络回归与预测确定航空弹药消耗量。

（2）航空弹药储存方案的确定

综合考虑航空弹药保障 Agent 和作战部队需求 Agent 的独立性以及指挥 Agent 的协同作用，基于 Multi-Agent 的角度对多种影响因素共同影响的航空弹药储存点布局进行优化,确定每个储存点的航空弹药储备量并对平时常用储存点和战时备用储存点进行区分。

（3）航空弹药调运方案的确定

综合考虑交通状况和敌方攻击情况等不确定性因素以及各航空弹药保障部门之间的协同作用,基于 Multi-Agent 仿真的角度对具有动态特征的航空弹药调运决策进行优化,得到航空弹药最优运输路径以及参与调配的储存点组合,进而根据不同的作战环境和调配策略决定具体的弹药运输供应方式。

（4）系统各项参数、资料的管理及维护

系统各项参数、资料包括航空兵训练强度及训练规模、各航空兵场站及后方军械仓库的航空弹药储备情况、弹药储存点信息、运输道路信息等。将以上各项参数收集并输入系统中,便可以通过系统对参数进行分析,通过系统优化作出最优决策。

（5）系统安全

规定特定部门的管理人员只能在其职责范围之内查看调用与其相关的系统,而无法获取其他系统的权限,以此增强系统的安全性。

（6）帮助功能

提供系统安装以及使用中的各种帮助和提示信息。

根据以上分析,本章将航空弹药保障决策体系的研究主体主要分为三块:其一是航空弹药消耗量的预测,其二是航空弹药储存方案的优化,其三是航空弹药调运方案的优化。这三部分是整个航空弹药供应保障决策过程中不可或缺的。为了使航空弹药供应保障决策的预测模型、优化模型和样本数据能够有效结合,则需要对决策流程进行合理控制,以使得航空弹药供应保障模型能够有序运行,数据信息能够有效存取,并通过人机交互方式使得决策层能够按照实际情况灵活地调整模型计算方案及相应参数设置,以弥补实际问题中没有考虑的条件信息。

航空弹药供应保障决策流程如图 7-1 所示。

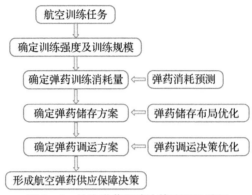

图 7 - 1 航空弹药保障决策流程设计图

航空弹药保障工作任务量繁重,针对每个模块,决策支持系统需要处理多个需求单位、储存单位和运输单位的数据,因此需要通过有效的模型结合计算机的优势建立程序化的航空弹药保障决策支持系统,从而保证航空弹药保障工作顺利进行。

7.4.2 基础理论及关键技术研究

开展航空弹药保障基础理论、管理理论、评估理论、决策理论及决策支持系统体系结构等研究,以及复杂系统分析、数据仓库与大数据挖掘、人工智能、系统建模、系统集成等关键技术的攻关与应用。

航空弹药使用保障决策支持系统设计的关键技术是模型的构建与求解,主要包括模型表示、模型仿真验证、模型选择和模型库总体设计等。

模型表示:分析比较当前各种模型表示方法的优缺点,在此基础上,将真实环境中航空弹药使用保障特征融入传统的模型中,基于航空弹药使用决策系统构建本章的模型。

模型仿真验证:对构建的模型,使用经验模拟数据进行仿真验证,结合具体案例验证模型的正确性、可信性,优化模型数据,提高模型置信度。

模型选择:通过分析各种模型特点,改进模型选择方法,优化模型选择流程,以提高模型解算效率。

模型库总体设计:模型库为上述过程提供了集中管理区域。本章主要根据面向对象的设计思想提出模型库总体设计思路,具体分为模型管理和模型选择两个部分,主要实现数据储存、模型选择、问题解决以及人机接口等过程。

7.4.3 软件系统设计研发

依托空军装备综合信息系统,以航空弹药和导弹数据库系统为基础,开发航空弹药使用保障决策支持系统,确定航空弹药使用保障信息采集、传输和融合子系统,生成数据仓库,构建机关和部队使用保障决策分析平台。

7.5 系统组成与结构

本章的研究主要是为航空弹药供应保障问题提供模型计算的决策,是传统意义上的辅助决策支持系统。因此本章所研究的航空弹药供应保障决策支持系统由三大模块组成:数据库系统、模型库系统和人机界面系统。

7.5.1 系统结构图

航空弹药使用保障决策支持系统是综合利用各种数据、信息、规则和模型,结合航空弹药使用特点,辅助机关和部队解决半结构化决策问题的人机交互系统。通过建立总控程序,各模型能够有序运行,数据有效存取,通过人机交互方式,允许决策层根据具体情况调整具体方案,进而形成完整的决策支持系统。系统的总体结构如图7-2所示。

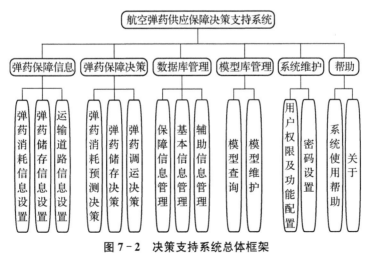

图7-2 决策支持系统总体框架

7.5.2　数据库设计

数据库是决策支持系统不可或缺的一部分,它是以既定的组织形式储存的数据集合,从而方便其他程序调用其数据。数据库中的内容单独储存,不和其他程序存放在一起,因而其他程序对其只有调用的功能,增加了系统的安全性。通过大数据挖掘技术从多个数据源中(包括航空弹药综合信息化管理系统和后方仓库管理信息系统)获取相关数据,经过清洗、分类后,储存在 HBase 数据库中,向决策支持系统提供数据信息。在具体主题下,根据具体要求获取不同维度的数据(结构化和非结构化数据),分析维度数据的层次,建立信息表及辅助表,进而构建航空弹药大数据分析中心,为航空弹药决策支持提供数据支持。

根据航空弹药保障决策流程,本章将从以下几个方面对航空弹药保障决策支持系统数据库进行规划:为制定消耗预测服务的数据库设计、为制定储存方案服务的数据库设计以及为制定调运方案服务的数据库设计。每个方面都有其特定的信息表及辅助表,但为实现特定的功能服务,各个环节之间也通过若干辅助表紧密相连。

(1) 设计消耗预测数据库

根据航空弹药消耗的一般规律可知,航空弹药的训练消耗一般由训练强度大小(包括训练次数和训练天数)、训练规模大小(出动飞机架次和参与训练人数)以及现有弹药训练储备量(弹药种类及数量)决定,而航空弹药的战时消耗与训练消耗存在很大的不同,属于战争状态下的集中消耗,一般由战时消耗需求(目标毁伤任务量、运输损耗量、战时维修消耗量)以及战时储备量(弹药种类及数量)共同决定。因此,为制定消耗预测服务的数据库,建立了弹药消耗信息表,如表 7-1 所示。

表 7-1　弹药消耗信息表

数据表类型	显示	描述
训练强度	训练次数	根据某部队实际训练次数进行归一化
	训练天数	根据某部队实际训练天数进行归一化

(续表)

数据表类型	显示	描述
训练规模	出动飞机架次	根据某部队出动飞机架次进行归一化
	参与训练人数	根据某部队实际训练人数进行归一化
储备规模	训练储备量	根据某部队当年弹药储备量进行归一化
	战时储备量	根据某部队当年弹药储备量进行归一化
战时消耗需求	目标毁伤任务量	根据某部队实际任务量进行归一化
	运输损耗量	根据某部队实际运输损耗量进行归一化
	战时维修消耗量	根据某部队实际维修消耗量进行归一化

（2）设计储存方案数据库

根据航空弹药的需求预测结果，结合作战地区的地形、交通运输条件和安全情况，对航空弹药的储存进行布局和配置，以最少的成本保证作战部队航空弹药的需求。其数据库主要包含的数据表如表7-2所示。

表7-2　弹药储存信息表

数据表类型	显示	描述
影响因素	建设成本	由各部门专家按0～10进行打分
	运输成本	由各部门专家按0～10进行打分
	运输损耗	由各部门专家按0～10进行打分
	储存损耗	由各部门专家按0～10进行打分
	保障距离	由各部门专家按0～10进行打分
	交通情况	由各部门专家按0～10进行打分
作战环境	运输距离	根据实际距离转化为0～10之间的数值
	交通状况	由交通部门专家以基准值1进行打分
	隐蔽程度	由部门专家按0～1进行打分
	建设成本	根据实际建设成本进行标准化
	运输成本	根据实际运输成本进行标准化
	运输损耗	根据实际运输损耗记录数据
	运输速度	记录实时运输速度

数据表类型	显示	描述
航空弹药数量	需求数量	根据作战部队实际需求记录数据
	储存数量	根据储存点航空弹药储量记录数据

（3）设计调运方案数据库

根据航空弹药储存点的布局，记录航空弹药储存和运输过程中的不确定性因素，对航空弹药保障系统的运输路线和组合方案进行优化，以最快的时间保障各作战部队航空弹药的需求。其数据库主要包含的数据表如表7－3所示。

表7－3　弹药调运信息表

数据表类型	显示	描述
道路环境	道路距离	根据实际距离转化为0～10之间的数值
	道路容量	根据实际容量转化为0～10之间的数值
	交通流量	记录实际交通流量转化为0～10之间的数值
	损坏程度	由各部门专家按0～1进行打分
决策信息	道路权重	根据道路环境计算并记录实际数据
	运输时间	根据道路环境计算并记录实际数据
航空弹药数量	需求数量	根据作战部队实际需求记录数据
	储存数量	根据储存点航空弹药储量记录数据

7.5.3　模型库设计

模型库是决策支持系统的核心部分，其首要作用是储存决策支持系统的模型，以方便其他系统对模型进行调用。由于本章的决策支持系统中包括多个模块的决策，因此模型也分为多种，模型库为这些模型提供了一个集中管理的区域。模型库设计主要包括模型管理和模型选择两个部分。

模型管理是指通过建立、储存、撷取、执行与维护必要的决策模型来决策评判。模型管理系统是本系统子模块，提供工具与环境来支持决策模型的发展、储存及使用。主要内容有模型库、模型库管理系统、模型目录、模型开发环境、模型执行环境和解模器。模型管理主要功能是能够实现模型与数据、主题分开,对同一个主题和数据可以采用不同模型进行决策。本章针对航空弹药使用保障决策问题构建的模型管理结构图,如图 7 - 3 所示。

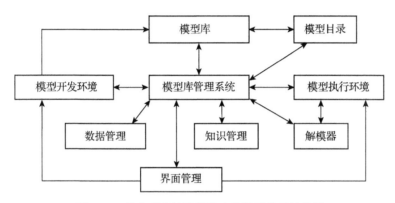

图 7 - 3　航空弹药使用保障决策模型管理结构图

模型选择就是在模型库中寻找与决策目标相对应的模型。如果匹配的模型存在多个,这就需要决策者根据一定的经验从中选择一个最优的模型。模型的选择可以通过多种途径,例如通过工作人员进行选择或者通过计算机设定程序进行自动选择。不管是通过何种途径进行模型的选择,都需要遵循一定的规则,在满足条件的前提下通过对问题的分析选择最合适的模型进行求解,从而得到决策方案。

基于计算机和信息技术的发展,目前决策支持系统基本趋于自动化,因此自动选择模型是一种趋势,本章将对此进行深入研究。基于对实际问题的分析,本章将 Liang(1993)的方法思想引入模型的选择研究,进而提出改进的 Liang 方法,以实现航空弹药供应保障决策支持系统模型库模型的自动选择。该方法以网络图形表示模型库,网络中的节点表示实际情况和根据实际情况抽象的定义,网络中的连边用于刻画它们之间的对应关系。整个方法以深度优先算法为基础,遍历整个模型库,从中选择符合要求的最优模型,其具体模型选择流程如图 7 - 4 所示。

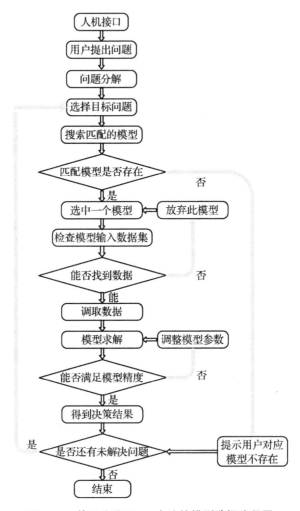

图 7 - 4　基于改进 Liang 方法的模型选择流程图

7.5.4　人机交互界面设计

　　人机交互界面将计算机语言通过界面呈现给用户,从而满足非专业人士对于该系统的操作需求。该界面的实现需要借助强大的技术基础进行开发。

　　(1) 软件开发与运行环境

　　① 软件开发环境

　　操作系统:Windows XP SP3。

开发平台：Eclipse。

开发语言：Java、FLEX、JavaScript、Html。

数据库：Oracle 10g。

计算机硬件环境：普通 PC，内存 2 GB 以上、硬盘空间 100 GB 以上。

② 软件运行环境

操作系统：Windows XP SP3、Windows7、Windwos Server 2003。

网络环境：基于 TCP/IP 的以太网或单机运行。

数据库：Oracle 10g。

计算机硬件环境：普通 PC，内存 2 GB 以上、硬盘空间 100 GB 以上。

（2）总体技术架构

软件系统通过功能分解形成人机交互构件包、工作流构件包、模型管理构件包、决策主题模型构件包和公共基础构件包 5 类构件包。通过构件的组合配置可生成 5 个子系统。软件的总体技术架构如图 7-5 所示。

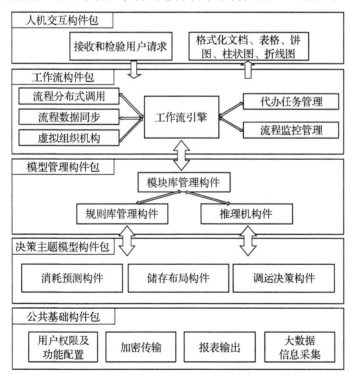

图 7-5　软件的总体技术架构

① 人机交互构件包

人机交互构件包提供的主要功能包括接收和检验用户请求,使模型运行、数据调用、知识推理达到有机的统一,调用内部功能软件为决策服务,并以可视化的方式提供决策支持依据。采用的技术主要包括 FLEX、JS、报表等,主要表现形式为格式化文档、表格、饼图、柱状图、折线图等各类文档图表。

② 工作流构件包

采用成熟的国产商用集中式工作流引擎核心进行改造,增加流程分布式调用、流程数据同步、虚拟组织机构、代办任务管理以及流程监控管理等构件,形成适合军事应用的分布式工作流引擎框架。该工作流引擎支持跨网络跨系统间流程协作、多级流程间的层级监控、流程间的状态同步机制、文件方式驱动流程机制、流程数据和业务数据跨系统流转、网络环境下数据的完整性和一致性验证。

③ 模型管理构件包

模型管理构件包由 3 类构件组成,分别是模块库管理构件、规则库管理构件、推理机构件。

模块库管理构件的实现。通过定义一套航空弹药使用决策模型描述语言和相应的模型应用程序模板文件,实现航空弹药使用决策模型属性管理、模型生成、模型运行等功能。

规则库管理构件的实现。规则库管理构件实现规则的储存、编辑、执行、权限、版本、日志管理等功能。

推理机构件的实现。主要由执行器、调度器和一致性协调器组成。调度器依据控制策略(用知识和算法描述)信息选择执行的动作供系统下一步执行。执行器通过应用知识库中航空弹药规则知识,执行调度器选定的动作。一致性协调器的主要作用是得到新的数据和需求假设时,对得到的辅助决策结果进行修正,以保证结果的前后一致性。

④ 决策主题模型构件包

决策主题模型构件包包括 3 类构件,分别是消耗预测构件、储存布局构件、调运决策构件。

决策主题模型构件包属于专用构件包,通过接口与工作流构件包、模型管理构件包交互,为实现不同的决策提供模型服务。

⑤ 公共基础构件包

公共基础构件包由 4 类构件组成,分别是用户权限与功能配置构件、加密传输构件、报表输出构件、大数据信息采集构件。

用户权限与功能配置构件组合使用可以为不同的用户配置出具备不同功能的系统界面,满足保障人员专业化工作的需要。

加密传输构件首先采用 MD5 对信息进行完整性保护,再采用 128 位 RSA 非对称密码算法进行加密,确保数据安全。

报表输出构件以国产 FineReport 报表控件为核心,采用综合集成的方式,将其作为航空弹药决策支持系统的一部分,以报表构件的形式为航空弹药决策支持系统提供综合报表服务,包括表格、饼图、柱状图、折线图等各种不同形式报表的输出、打印。

大数据信息采集构件主要通过数据抽取、数据清洗、数据分类以及数据聚合等大数据挖掘技术,获取多个数据源(包括航空弹药综合信息化管理系统和后方仓库管理信息系统)中的数据,主要包括航空弹药消耗、储存、调运相关数据,进而构建航空弹药大数据信息中心,向决策支持系统提供数据支持。

(3) 决策模型技术实现

① 航空弹药消耗量的确定

对于航空弹药训练消耗量的预测,现有文献主要采用的是多元线性回归模型、BP 神经网络模型以及灰色预测模型等传统预测模型。考虑到航空弹药消耗量容易受到国际局势、国家战略发展影响,往往呈现出非线性发展态势,同时传统神经网络主要是基于传统统计学知识解决样本无穷大问题,并且灰色模型对于非线性问题很难得到精确的预测结果,因此现有的预测模型具有一定的局限性,不能很好地解决航空弹药消耗预测问题。本章将邻域粗糙集(NRS)与变异粒子群算法(MPSO)融入深度神经网络(DNN),进而构造 NRS-MPSO-DNN 组合预测模型来对航空弹药消耗进行预测。首先将影响航空弹药训练消耗的因素进行约简,然后采用改进的深度神经网络方法进行预测，能够达到精确预测的目的。

② 航空弹药储存方案的确定

航空弹药储存布局属于基础建设，基础建设具有长期性，因此在决策中通常要坚持综合性、协调性、经济性和战略性等原则，全面考虑众多影响因素。本章的模型主要涉及航空弹药保障 Agent 和作战部队需求 Agent。它们关注的重点不尽相同，航空弹药保障 Agent 更加侧重弹药储存布局的成本，而作战部队需求 Agent 更加在意弹药是否安全送达以及到达时间。航空弹药保障 Agent 和作战部队需求 Agent 各自具有独立性，对于储存布局的影响因素具有不同的认知，因此需要指挥 Agent 对整个 Multi-Agent 进行协同，综合各方的意见对航空弹药储存布局进行优化。

在基于 Multi-Agent 的航空弹药储存布局优化模型中，涉及的影响因素非常多，遍历搜索方法会消耗过多的时间，从而严重耽误航空弹药调运。另外，由于本章仿真的作战环境中，航空弹药储存布局影响因素包括成本要素、安全要素和时间要素三个部分，属于多目标优化问题，而且每一部分的量纲都不相同，不能通过传统的遗传算法进行求解。因此本章一方面通过合作竞争博弈模型结合 Multi-Agent 对目标函数进行权重化处理，另一方面通过优序数法描述适应度，并结合分段染色体编码对遗传算法进行改进，优化航空弹药存储布局进行并确定每个储存点的航空弹药储备量。针对不同的环境，本章构建的模型还进一步区分了平时训练常用储存点的布局优化以及战时备用储存点的设置和开放问题。

③ 航空弹药调运方案的确定

在航空弹药调运过程中，不确定性因素是客观存在的，主要由环境引起。在现代信息化的高技术战争中，能否管理和控制好弹药保障系统中的不确定性因素，是决定战争胜负的重要影响因素，如果不进行严密的控制，不确定性的叠加放大效应会对作战行动产生巨大的负面影响，因此航空弹药调运需要根据不确定性因素及时调整航空弹药供给和运输策略以满足作战部队需求。

本章主要考虑到航空弹药调运的动态特征，针对航空弹药调运决策问题，综合考虑交通状况和敌方攻击情况等不确定性因素以及各航空弹药保障部门之间的协同作用,结合贝叶斯决策网络和 Multi-Agent 方法建立具有动态特征的航空弹药调运决策模型,并将道路的交通状况和敌方攻击的情况转化为路段通行时间的大小,基于多源时间最短路径问题通过传统的 Floyd-Warshall 算法对模型进行求解,确定航空弹药最优运输路径以及参与调配的储存点组合。另外,针对不同环境下的航空弹药运输路线的特点,本章具有针对性地提出了大批集中运输和小批编组运输等不同的航空弹药运输供应方式,既增加了运输的灵活性,也增加了运输的安全性,可以提供更加可靠的保障。

7.6　本章小结

依据航空弹药供应保障研究内容的特点,从设计背景、设计目标、设计原则、设计内容,系统组成与结构等角度提出了航空弹药供应保障决策流程设计图以及决策支持系统总体设计框架。航空弹药供应保障包括消耗预测、储存布局、调运决策等众多环节,内容复杂。本章着重研究航空弹药供应保障决策支持系统设计过程中的数据库设计、模型库设计以及人机交互界面设计。在数据库设计方面,采用大数据挖掘技术构建航空弹药大数据中心,包括弹药消耗预测数据库、储存方案数据库以及调运方案数据库。在模型库设计上,基于实际环境中模型选择的特点对 Liang 提出的方法进行改进,以提高模型搜索效率,实现模型的自动选择。最后,针对人机界面的研究现状,归纳总结其设计理念,在此基础上进行人机交互界面的总体设计研究,并给出其总体技术架构。

第8章

结论与展望

航空弹药消耗预测问题、储存布局优化问题以及调运决策优化问题是航空弹药供应保障中的焦点和难点。针对此,本书将邻域粗糙集和变异粒子群算法融入深度神经网络研究了航空弹药消耗预测问题;同时基于 Multi-Agent 理论分析了航空弹药储存布局优化问题以及调运决策优化问题;最后从航空弹药消耗、储存、调运三个维度构建航空弹药供应保障决策支持系统的总体设计框架。本书对于航空弹药供应保障及决策支持系统的研究得出了一些有意义的结论,弥补了现有研究的不足之处。

8.1　研究结论

本书在航空弹药供应保障理论的基础上,分别对航空弹药消耗预测问题、储存布局优化问题、调运决策优化问题进行深入研究,并综合这三个方面构建起航空弹药供应保障决策支持系统的总体设计框架,通过实证研究和仿真分析得到如下主要结论:

(1) 构建了 NRS-MPSO-DNN 融合的航空弹药消耗预测模型

本书结合航空弹药训练消耗的特点,将邻域粗糙集(NRS)与变异粒子群算法(MPSO)融入深度神经网络(DNN),进而构建了 NRS-MPSO-DNN 融合的航空弹药消耗预测模型。NRS-MPSO-DNN 组合预测模型的优势在于通过邻域粗糙集属性约简技术消除冗余信息提高神经网络的预测性能,而深度神经网络本身又能很好地解决弹药消耗的非线性问题。然后基于前向贪心算法通过邻域粗糙集属性约简方法将冗余属性约简进而得到航空弹药消耗的核心影响因素,在此基础上建立深度神经网络回归模型,引入变异粒子群算法进行参数寻优得到网络各层最优权值和阈值,进而构建深度神经网络预测模型。考虑到我国无战时弹药消耗数据,本书以弹药训练消耗历史数据为例来检验模型的预测精度。实证研究表明本书构建的 NRS-MPSO-DNN 组合预测模型所得结果均方误差很小,可以很好反映航空弹药训练消耗情况,并且与未优化的 DNN 模型以及传统的 BP 神经网络模型相比,其预测精度得到显著提高。因此本书构建的 NRS-MPSO-DNN 组合预测模型较之其他预测模型具有更好的预测性能,这为解决航空弹药消耗预测问题提供了有效的解决思路,不仅从理论层面丰富了弹药消耗预测领域的研究成果,而且对于切实提高航空弹药的供应保障效率具有积极的指导意义。

（2）构建了基于 Multi-Agent 的航空弹药储存布局优化模型

针对航空弹药储存点布局优化问题,充分考虑到航空弹药保障 Agent 和作战部队需求 Agent 的独立性以及对于储存点布局的影响因素的不同认知,通过指挥 Agent 对整个 Multi-Agent 进行协同,构建了基于 Multi-Agent 的航空弹药储存点布局优化模型。同时考虑了成本、安全和时间等多种影响因素对航空弹药储存点布局的共同影响,通过 Multi-Agent 协同作用结合合作竞争博弈模型对目标函数进行权重化处理,并且用优序数法来描述适应度,并结合染色体分段编码对传统的遗传算法进行改进,提出一种基于 Multi-Agent 的改进遗传算法对模型进行求解。根据作战环境的不同,本书进一步提出了平时常用储存点和战时备用储存点的区别,通过增加战时备用储存点并在应用过程中及时开放,加强了保障作用。从仿真实验结果可以看出,本书构建的模型可以很好地对航空弹药储存点的布局进行优化并确定每个储存点的航空弹药储备量,可以提高航空弹药保障系统的能力。

（3）构建了基于博弈的多目标航空弹药调运决策优化模型

针对作战部队航空弹药调运决策优化问题,综合考虑不同作战部队对弹药调度时间因素和安全因素需求程度的差异,通过多目标设计的方法对航空弹药调运决策进行优化。不同作战部队对于弹药的需求存在明显的利益冲突,而调度决策的制定者不仅需要满足所有作战部队的弹药需求,还要从全局的角度尽可能地优化整体收益。通过引入博弈论的方法针对不同作战部队对不同影响因素的需求进行区分和度量,分别以合作博弈模型、竞争博弈模型和合作竞争博弈模型刻画不同的博弈环境,对航空弹药调运决策进行优化,既满足了时间因素和安全因素的要求,同时也考虑了博弈方之间的决策协商情况。仿真结果表明,相同的航空弹药需求通过不同模型得到的调运方案具有较大的差别,说明博弈方在信息和决策方面的共享协商能够明显影响航空弹药调运决策,而本书构建的博弈模型能够更加合理地对不同环境下具有差异化需求的航空弹药调运决策进行优化。

（4）构建了基于 Multi-Agent 的航空弹药动态调运决策优化模型

充分考虑了航空弹药调运过程中不确定性因素的影响，将战场实时道路交通状况和敌方攻击程度等不确定性因素通过数学模型转化为车辆通行时间的大小并以此作为该路段的权重，从而将航空弹药调运决策优化问题转化为传统的多源时间最短路径问题，并通过 Floyd-Warshall 算法结合贝叶斯决策网络模型对目标问题进行求解，得到航空弹药最优运输路径以及参与调配的储存点组合。另外，在航空弹药的实际调运过程中还引入 Multi-Agent 方法描述各单位之间的协同作用对调运方案决策的动态影响。不仅如此，本书还根据不同的调运方案，结合作战环境的不同，提出了航空弹药大批集中供应和小批编组供应的不同运输方式，从而加强了保障作用。仿真结果表明，不确定性因素的动态特征对航空弹药调运决策具有重要的影响，而本书提出的航空弹药动态调运模型可以根据战区的路况信息及时进行调运决策的调整，从而为部队作战提供更可靠的保障，对提高航空弹药保障系统的有效性和可靠性具有重要意义。

（5）制定了航空弹药供应保障决策支持系统设计方案

在航空弹药训练消耗预测模型、航空弹药储存布局优化模型以及航空弹药动态调运决策优化模型的研究基础上，结合航空弹药供应保障的特点，从设计背景、设计目标、设计原则、设计内容、系统组成与结构等多维度给出相应的航空弹药供应保障决策支持系统设计方案。航空弹药供应保障包括消耗预测、储存优化、运输优化等众多环节，而且决策支持系统的开发需要克服大量的技术难题，因此决策支持系统的具体实现还有很长一段距离，本书的研究对此具有重要的理论参考价值。本书对其核心设计流程及软件架构进行了探索，给出了航空弹药供应保障决策支持系统的总体设计思路，但是所做的工作仍是初步的和粗浅的，要真正运用到系统研发中，尚需不断地探索和努力。

8.2　研究展望

本书基于航空弹药供应保障理论研究了航空弹药消耗预测问题、储存布局优化问题以及调运决策优化问题,并综合这三个方面提出航空弹药供应保障决策支持系统的总体设计框架,但航空弹药供应保障问题仍然是一个复杂并需要继续深入研究的课题。基于本书的研究成果,今后可以从以下(但不局限于以下)几个方面进行拓展。

(1) 关于航空弹药消耗预测的研究

本书基于改进的深度神经网络模型进行航空弹药消耗预测问题的研究,但本书使用的深度神经网络是一个四层网络,且引入的变异粒子群算法是基于简单自适应算子构建的,如何在现有理论模型基础上进行包含更多网络层的训练,以及对其他深度学习预测算法进一步优化改进,进而进行更深层次的数据挖掘以提高预测模型算法的精度和效率,还有待进一步深入探讨。考虑到航空弹药信息的保密性,本书中只选用了某部队 20 年的消耗数据,样本数据较少,有必要增加样本数据进行更深入的研究。此外,本书在构建航空弹药消耗预测模型过程中考虑到的影响因素较少,暂未考虑到飞机装备特点、任务变化、保障时间、运输编组、运输批量等因素,并不能很充分地体现作战任务需要,需要在进一步的工作中深入研究。

(2) 关于航空弹药储存布局优化的研究

尽管本书考虑了多种影响因素并从多个部门的角度研究了航空弹药储存布局优化问题,但是对于航空弹药种类特性的描述不够全面,因为航空弹药种类众多而且每种航空弹药都有其特殊性,因此其保障模式也不尽相同。因此在进一步研究中,可以建立具有针对性的多种类航空弹药储存点布局优化模型,将具有更高的应用价值。另外,本书的研究属于静态航空弹药储存布局优化问题,尽管考虑了平时训练常用储存点和战时备用储存点的选择布局优化问题,在一定程度上为作战环境下航空弹药供应提供保障,但实际上并没有考虑到真实作战环境的动态特征。真实作战环境中有很多随机因素,例如地理环境的差异、部队作战位置的变化以及作战程度的强弱等,因此在实际作战过程中应充分考虑弹药储备大于消耗需求,以应对紧急不确定性情况的发生,此外考虑到作战部队会随着需要进行转移,航空弹药储存点的布局也应随部队位置的变化而调整,因而根据作战环境的动态特征及时开设新的航空弹药储存点对于保障作战胜利十分必要。基于作战情况下的动态航空弹药储存布局优化以及战时开设新的储存点等问题,更加符合战场实际情况,但是现有模型主要侧重平时训练常用储存点和战时备用储存点的选择优化,不足以解决动态变化的问题,因此需要在进一步的工作中深入研究。

（3）关于航空弹药调运决策优化的研究

在作战过程中,航空弹药的调配和运输环境变得很复杂,虽然本书已经充分考虑了航空弹药调运过程中交通运输状况以及敌方攻击等因素的影响,将其转化为航空弹药运输时间,但由于实际调运过程中还存在很多不确定性因素无法准确度量,航空弹药的调运实际情形必然与理论层面存在一定程度的偏差,使得各路段权重很难确定。因此在进一步的研究中,非常有必要考虑调运时间的模糊性特征,引入模糊理论的模糊函数表示战时航空弹药调运环境中各路段权重,从而使研究结果更加符合战时航空弹药调运情况的实际特征。

（4）关于航空弹药供应保障决策支持系统的设计研究

决策支持系统是以模型为基础,通过对于数据的分析提供相应的决策方案。随着军事技术的发展和信息技术的普及,越来越多的数据可以收集,而对于军队来说武器装备也时刻都在更新,因此传统的决策支持系统必然满足不了各种各样的数据操作要求。目前信息技术领域逐渐兴起的大数据、云计算、物联网等概念为满足海量数据的决策支持系统提供了一种可行的运行思路,结合新兴的技术手段对航空弹药供应保障决策支持系统进行改进是未来发展的趋势。此外,对于航空弹药供应保障决策支持系统的开发及应用仍需不断地尝试和完善。

参考文献

Aikens C H, 1985. Facility location models for distribution planning[J]. European Journal of Operational Research,22(3): 263 – 279.

Akay A E, Süslü H E, 2017. Developing GIS based decision support system for planning transportation of forest products[J]. Journal of Innovative Science and Engineering(1): 6 – 16.

Arthur W B, Holland J H, LeBaron B, et al., 2018. Asset pricing under endogenous expectations in an artificial stock market[M]. The economy as an evolving complex system II, CRC Press.

Aymanns C, Georg C P, 2015. Contagious synchronization and endogenous network formation in financial networks[J]. Journal of Banking & Finance, 50: 273 – 285.

Bahdanau D, Cho K, Bengio Y, 2014. Neural machine translation by jointly learning to align and translate[EB/OL]. https://arxiv.org/abs/1409.0473.

Baker B M, Ayechew M A, 2003. A genetic algorithm for the vehicle routing problem[J]. Computers & Operations Research, 30(5): 787 – 800.

Barahona F, Jensen D, 1998. Plant location with minimum inventory[J]. Mathematical Programming, 83(1): 101 – 111.

Berman O, Drezner Z, Wesolowsky G O, 2002. Satisfying partial demand in facilities location[J]. IIE Transactions, 34(11): 971 – 978.

Bertsekas D P, Tsitsiklis J N, 1989. Parallel and distributed computation: numerical methods[M]. Englewood Cliffs, NJ: Prentice Hall.

Bhargava H K, Power D J, Sun D, 2007. Progress in Web-based decision support technologies[J]. Decision Support Systems, 43(4): 1083 – 1095.

Bullnheimer B, Hartl R F, Strauss C, 1999. Applying the ANT system to the vehicle routing problem[M]. Boston: Springer: 285 – 296.

Cao Y C, Yu W W, Ren W, et al., 2013. An overview of recent progress in the study of distributed Multi-Agent coordination [J]. IEEE

Transactions on Industrial Informatics, 9(1): 427 - 438.

Ceragioli F, De Persis C, Frasca P, 2011. Discontinuities and hysteresis in quantized average consensus[J]. Automatica(Journal of IFAC), 47(9): 1916 - 1928.

Chang T H, Hong M Y, Wang X F, 2015. Multi-Agent distributed optimization via inexact consensus ADMM[J]. IEEE Transactions on Signal Processing, 63(2): 482 - 497.

Chen D G, Hu Q H, Yang Y P, 2011. Parameterized attribute reduction with Gaussian kernel based fuzzy rough sets[J]. Information Sciences, 181(23): 5169 - 5179.

Chen D G, Zhang L, Zhao S Y, et al., 2012. A novel algorithm for finding reducts with fuzzy rough sets[J]. IEEE Transactions on Fuzzy Systems, 20(2): 385 - 389.

Cheng L, Wang Y P, Hou Z G, et al., 2013. Sampled-data based average consensus of second-order integral Multi-Agent systems: switching topologies and communication noises[J]. Automatica, 49(5): 1458 - 1464.

Chen H M, Li T R, Cai Y, et al., 2016. Parallel attribute reduction in dominance-based neighborhood rough set[J]. Information Sciences, 373: 351 - 368.

Chen W S, Li X B, Jiao L C, 2013. Quantized consensus of second-order continuous-time Multi-Agent systems with a directed topology via sampled data[J]. Automatica, 49(7): 2236 - 2242.

Cho K, Van Merrienboer B, Gulcehre C, et al., 2014. Learning phrase representations using RNN encoder-decoder for statistical machine translation[EB/OL]. https://arxiv.org/abs/1406.1078.

Dantzig G B, Ramser J H, 1959. The truck dispatching problem[J]. Management Science, 6(1): 80 - 91.

DeSanctis G, Gallupe R B, 1987. A foundation for the study of group decision support systems[J]. Management Science, 33(5): 589 - 609.

Ding L, Guo G, 2015. Sampled-data leader-following consensus for nonlinear Multi-Agent systems with Markovian switching topologies and communication delay[J]. Journal of the Franklin Institute, 352(1): 369 -383.

Fan S L, Bai Y Q, Zhang Y K, et al., 2011. Method of Ammunition Consumption Intelligent Prediction Oriented on Equipment Combat [J]. Journal of Academy of Armored Force Engineering, 1: 7.

Ferber J, 1999. An introduction to distributed artificial intelligence[M]. Harlow: Addison-Wesley.

Floyd R W, 1962. Algorithm 97: Shortest path[J]. Communications of the ACM, 5(6): 345.

Fukushima K, Miyake S, 1982. Neocognitron: a new algorithm for pattern recognition tolerant of deformations and shifts in position[J]. Pattern Recognition, 15(6): 455 - 469.

Gao Y, Wang L, 2010. Consensus of multiple dynamic agents with sampled information[J]. IET Control Theory & Applications, 4(6): 945 - 956.

Gardner M W, Dorling S R, 1998. Artificial neural networks (the multilayer perceptron)—a review of applications in the atmospheric sciences[J]. Atmospheric Environment, 32(14/15): 2627 -2636.

Gendreau M, Potvin J Y, 2005. Metaheuristics in combinatorial optimization[J]. Annals of Operations Research, 140(1): 189 -213.

Golzadeh M, Hadavandi E, Chelgani S C, 2018. A new Ensemble based Multi-Agent system for prediction problems: case study of modeling coal free swelling index[J]. Applied Soft Computing, 64: 109 - 125.

Gorry G, Morton M, 1971. A framework for management information systems[J]. Sloan Management Review, 30(3): 49 - 61.

Hafezi R, Shahrabi J, Hadavandi E, 2015. A bat-neural network Multi-Agent system (BNNMAS) for stock price prediction: case study of DAX stock price[J]. Applied Soft Computing, 29: 196 – 210.

Hakimi S L, 1964. Optimum locations of switching centers and the absolute centers and medians of a graph[J]. Operations Research, 12 (3): 450 – 459.

Hinton G E, Osindero S, Teh Y W, 2006. A fast learning algorithm for deep belief nets[J]. Neural Computation, 18(7): 1527 – 1554.

Hinton G E, Salakhutdinov R R, 2006. Reducing the dimensionality of data with neural networks[J]. Science, 313(5786): 504 – 507.

Hinton G E, Salakhutdinov R R, 2009. Replicated softmax: an undirected topic model[C]//Advances in Neural Information Processing Systems. Cambridge, MA: MIT Press: 1607 – 1614.

Holland J H, 1992. Adaptation in natural and artificial systems: an introductory analysis with applications to biology, control, and artificial intelligence[M]. Cambridge, Mass: MIT Press.

Holmberg K, 1999. Exact solution methods for uncapacitated location problems with convex transportation costs [J]. European Journal of Operational Research, 114(1): 127 – 140.

Hoover E M, 1937. Location theory and the shoe leather industries[M]. Cambridge: Harvard University Press.

Hornik K, Stinchcombe M, White H, 1989. Multilayer feedforward networks are universal approximators[J]. Neural Networks, 2(5): 359 – 366.

Hu Z H, Sheng Z H, 2014. A decision support system for public logistics information service management and optimization[J]. Decision Support Systems, 59: 219 – 229.

Jiang X D, Cao J X, Cai Z W, 2017. Prediction of TOC based on pre-stack inversion and double hidden layer BP neural network[J]. AIP Conference Proceedings, 1906(1): 160006.

Korkmaz İ, Gökçen H, Çetinyokuş T, 2008. An analytic hierarchy process and two-sided matching based decision support system for military personnel assignment[J]. Information Sciences, 178 (14): 2915 -2927.

Kuehn A A, Hamburger M J, 1963. A heuristic program for locating warehouses[J]. Management Science, 9(4): 643 - 666.

Kumar S U, Inbarani H H, 2015. A novel neighborhood rough set based classification approach for medical diagnosis[J]. Procedia Computer Science, 47: 351 - 359.

Kumar S U, Inbarani H H, 2017. PSO-based feature selection and neighborhood rough set-based classification for BCI multiclass motor imagery task[J]. Neural Computing and Applications, 28 (11): 3239 - 3258.

LeCun Y, Kavukcuoglu K, Farabet C, 2010. Convolutional networks and applications in vision[C]//Proceedings of 2010 IEEE International Symposium on Circuits and Systems. Paris: IEEE: 253 -256.

Liang T P, 1993. Analogical reasoning and case-based learning in model management systems[J]. Decision Support Systems, 10(2): 137 - 160.

Lin T Y, Huang K J, Liu Q, et al. , 1990. Rough sets, neighborhood systems and approximation[C]//Proceedings of the 5th International Symposium on Methodologies for Intelligent Systems. London: Springer-Verlag: 130 - 141.

Liu Q S, Wang J, 2015. A second-order Multi-Agent network for bound-constrained distributed optimization[J]. IEEE Transactions on Automatic Control, 60(12): 3310 - 3315.

Liu S, Li T, Xie L H, et al. , 2013. Continuous-time and sampled-data-based average consensus with logarithmic quantizers[J]. Automatica, 49 (11): 3329 - 3336.

Liu Y, Huang W L, Jiang Y L, et al. , 2014. Quick attribute reduct algorithm for neighborhood rough set model[J]. Information Sciences,

271: 65 - 81.

Lobel I, Ozdaglar A, 2011. Distributed subgradient methods for convex optimization over random networks [J]. IEEE Transactions on Automatic Control, 56(6): 1291 - 1306.

Ma Q T, He J M, Li S W, 2018. Endogenous network of firms and systemic risk[J]. Physica A: Statistical Mechanics and Its Applications, 492: 2273 - 2280.

Minsky M, Papert S, 1969. Perceptrons: an introduction to computational geometry [M]. Cambridge: The MIT Press.

Murray A T, Gerrard R A, 1997. Capacitated service and regional constraints in location-allocation modeling[J]. Location Science, 5(2): 103 - 118.

Nedic A, Ozdaglar A, Parrilo P A, 2010. Constrained consensus and optimization in Multi-Agent networks [J]. IEEE Transactions on Automatic Control, 55(4): 922 - 938.

Nguyen A, Yosinski J, Clune J, 2015. Deep neural networks are easily fooled: High confidence predictions for unrecognizable images[C]//2015 IEEE Conference on Computer Vision and Pattern Recognition(CVPR). Boston: IEEE: 427 - 436.

Olfati-Saber R, Murray R M, 2004. Consensus problems in networks of agents with switching topology and time-delays[J]. IEEE Transactions on Automatic Control, 49(9): 1520 - 1533.

Pawlak Z, 1982. Rough sets[J]. International Journal of Computer and Information Science, 11(5): 341 - 356.

Perny P, Spanjaard O, 2005. A preference-based approach to spanning trees and shortest paths problems[J]. European Journal of Operational Research, 162(3): 584 - 601.

Qin J H, Gao H J, 2012. A sufficient condition for convergence of sampled-data consensus for double-integrator dynamics with nonuniform and time-varying communication delays [J]. IEEE Transactions on Automatic Control, 57(9): 2417 – 2422.

Rosenblatt F, 1958. The perceptron: a probabilistic model for information storage and organization in the brain[J]. Psychological Review, 65(6): 386 – 408.

Roth R, 1969. Computer solutions to minimum-cover problems [J]. Operations Research, 17(3): 455 – 465.

Rumelhart D E, Hinton G E, Williams R J, 1986. Learning representations by back-propagating errors [J]. Nature, 323 (6088): 533 –536.

Russakovsky O, Deng J, Su H, et al. , 2015. ImageNet large scale visual recognition challenge[J]. International Journal of Computer Vision, 115 (3): 211 – 252.

Scott J, Ho W, Dey P K, et al. , 2015. A decision support system for supplier selection and order allocation in stochastic, multi-stakeholder and multi-criteria environments[J]. International Journal of Production Economics, 166: 226 – 237.

Sermanet P, Eigen D, Zhang X, et al. , 2013. OverFeat: Integrated recognition, localization and detection using convolutional networks[EB/OL]. https://arxiv. org/abs/1312. 6229.

Shang Y L, Sun S H, 2010. Research on vessels' portable ammunition support system based on data warehouse [C]//2010 International Conference on Management and Service Science (MASS). Wuhan: IEEE: 1 – 4.

Shi H T, Dong Y C, Yi L H, et al. , 2010. Study on the route optimization of military logistics distribution in wartime based on the ant colony algorithm[J]. Computer and Information Science, 3(1): 139.

Shim J P, Warkentin M, Courtney J F, et al. , 2002. Past, present, and future of decision support technology[J]. Decision Support Systems, 33

(2): 111 - 126.

Simon H A, 1960. The new science of management decision[M]. New York: Harper and Row.

Swanson E B, 1990. Distributed decision support systems: a perspective[C]// Twenty-Third Annual Hawaii International Conference on System Sciences. Kailua-Kona: IEEE, 3: 129 - 136.

Teghem J Jr, Delhaye C, Kunsch P L, 1989. An interactive decision support system (IDSS) for multicriteria decision aid[J]. Mathematical and Computer Modelling, 12(10/11): 1311 -1320.

Tolk A, Kunde D, 2010. Decision support systems-technical prerequisites and military requirements[EB/OL]. https://arxiv.org/abs/1011.5661.

Torretta V, Rada E C, Schiavon M, et al., 2017. Decision support systems for assessing risks involved in transporting hazardous materials: A review[J]. Safety Science, 92: 1 - 9.

Tsang E C C, Chen D G, Yeung D S, et al., 2008. Attributes reduction using fuzzy rough sets[J]. IEEE Transactions on Fuzzy Systems, 16(5): 1130 - 1141.

Verwater-Lukszo Z, Bouwmans I, 2006. Intelligent complexity in networked infrastructures[C] //2005 IEEE International Conference on Systems, Man and Cybernetics. Waikoloa: IEEE: 2378 - 2383.

Vincent P, Larochelle H, Bengio Y, et al., 2008. Extracting and composing robust features with denoising autoencoders[C]//Proceedings of the 25th International Conference on Machine Learning. Helsinki, Finland. New York: ACM: 1096 - 1103.

Wan D S, Xiao Y, Zhang P C, et al., 2015. Hydrological big data prediction based on similarity search and improved BP neural network [C]//2015 IEEE International Congress on Big Date. New York: IEEE: 343 - 350.

Wang J, Elia N, 2011. Control approach to distributed optimization[C]//

2010 48th Annual Allerton Conference on Communication, Control, and Computing (Allerton). Monticello: IEEE: 557 –561.

Wang Y, Wu Q H, Wang Y Q, et al. , 2012. Quantized consensus on first-order integrator networks[J]. Systems & Control Letters, 61(12): 1145 – 1150.

Warshall S, 1962. A theorem on boolean matrices [J]. Journal of the ACM, 9(1): 11 – 12.

Weber A, Friedrich C J, 1929. Theory of the location of industries[M]. Chicago: University of Chicago Press.

Wu S T, He J M, 2015. Risk and its contagion in stock market: based on Multi-Agent simulation[J]. Journal of Dalian University of Technology (Social Sciences), 3: 54 – 60.

Wu Z H, Peng L, Xie L B, et al. , 2013. Stochastic bounded consensus tracking of leader – follower Multi-Agent systems with measurement noises based on sampled-data with small sampling delay[J]. Physica A: Statistical Mechanics and Its Applications, 392(4): 918 –928.

Xu T, He J M, Li S W, 2017. The Contagion in Interbank Market Risk and the Evolution of Network Structure[J]. Journal of Dalian University of Technology (Social Sciences), 4: 56 – 63.

Yao Y Y, 1998. Relational interpretations of neighborhood operators and rough set approximation operators[J]. Information Sciences, 111(1/2/3/4): 239 – 259.

Yong L, Wenliang H, Yunliang J, et al. , 2014. Quick attribute reduct algorithm for neighborhood rough set model[J]. Information Sciences, 271: 65 – 81.

Yu J, Shen S L, Wang S X, 2009. Simulation of demand of ammunition based on BP neural network algorithm [J]. Journal of System Simulation, 9: 2734 – 2736.

Yu K, Lin Y Q, Lafferty J, 2011. Learning image representations from the pixel level via hierarchical sparse coding[C]//Computer Vision and Pattern Recognition (CVPR). Colorado：IEEE：1713 – 1720.

Zeiler M D，Krishnan D，Taylor G W，et al.，2010. Deconvolutional networks[C]//Proceedings of the 2010 IEEE Conference on Computer Vision and Pattern Recognition. San Francisco：CA：2528 – 2535.

Zhan J Y，Li X，2015. Asynchronous consensus of multiple double-integrator agents with arbitrary sampling intervals and communication delays[J]. IEEE Transactions on Circuits and Systems I：Regular Papers，62(9)：2301 – 2311.

Zhao L Y，Zhou J，Wu Q J，2016. Sampled-data synchronisation of coupled harmonic oscillators with communication and input delays subject to controller failure [J]. International Journal of Systems Science，47(1)：235 – 248.

包子阳，余继周，2016. 智能优化算法及其 MATLAB 实例[M]. 北京：电子工业出版社.

蔡蓓蓓，张兴华，2010. 混合量子遗传算法及其在 VRP 中的应用[J]. 计算机仿真，27(7)：267 – 270.

陈翠平，2015. 基于深度信念网络的文本分类算法[J]. 计算机系统应用，24(2)：121 – 126.

陈利安，肖明清，程相东，2010. 航空弹药平时消耗量预测模型对比[J]. 弹箭与制导学报，30(3)：239 – 242.

陈文刚，2017. 基于邻域粗糙集属性约简算法的研究[D]. 锦州：渤海大学.

陈杨，徐晓双，赵亮亮，等，2022. 一种战时航空弹药需求预测方法[J]. 陆军工程大学学报，1(2)：80 – 86.

崔国山，韩松臣，朱新平，2009. 基于 Agent 的机场应急资源动态调配研究[J]. 现代交通技术，6(2)：78 – 81.

董开帆，干宏程，张惠珍，2013. 考虑经济性和时效性的配送中心选址模型研究[J]. 上海理工大学学报，35(4)：336 – 339.

杜艳平，贾利民，赵云云，等，2010. 基于 Agent – 人元模型的铁路货运站布局调整方法[J]. 物流技术,29(16):49-52.

段莹,潘昊,2009. 遗传算法的形式化语言表示[J]. 计算机与数字工程,37(9):176-179.

范颖,2011. 多 Agent 系统探究[J]. 科技信息(1):70.

封超,郭晓,2017. 基于 CBR 的应急情报智能决策支持系统研究[J]. 情报杂志,36(10):36-40.

冯嘉珍,张建国,邱继伟,2018. 基于竞争博弈的多目标可靠性优化设计方法[J]. 北京航空航天大学学报,44(4):887-894.

冯嘉珍,张建国,邱继伟,2019. 可靠性多目标优化设计的自适应行为博弈算法[J]. 计算机集成制造系统,25(3):736-742.

宫晓莉,庄新田,2017. 基于改进 PSO 算法的调和稳定跳跃下随机波动模型期权定价与套期保值[J]. 系统工程理论与实践,37(11):2765-2776.

郭利敏,2017. 基于卷积神经网络的文献自动分类研究[J]. 图书与情报(6):96-103.

韩仁东,刘科成,鞠彦兵,等,2010. 基于多 agent 的军事物流系统仿真建模方法[J]. 计算机应用研究,27(5):1756-1759.

韩震,卢昱,古平,等,2014. 战时弹药供应协同调运模型研究[J]. 军械工程学院学报,26(5):1-4.

胡清华,于达仁,谢宗霞,2008. 基于邻域粒化和粗糙逼近的数值属性约简[J]. 软件学报,19(3):640-649.

胡清华,赵辉,于达仁,2008. 基于邻域粗糙集的符号与数值属性快速约简算法[J]. 模式识别与人工智能,21(6):732-738.

胡志强,罗荣,2021. 基于大数据分析的作战智能决策支持系统构建[J]. 指挥信息系统与技术,12(1):27-33.

姜相争,李凯,李贵茹,等,2022. 云环境条件下智能决策支持系统理论研究[J/OL]. 现代防御技术:1-8. [2022-09-13]. https://kns.cnki.net/kcms/detail/11.3019.TJ.20220909.1844.002.html.

康宗宇,陈义军,陈伟,2017. 航空战时弹药保障供应能力优化预测仿真[J]. 计算机仿真,34(2):49-52.

李东，匡兴华，晏湘涛，等，2013. 多阶响应下军事物流配送中心可靠选址模型[J]. 运筹与管理，22(1)：147－156.

李东，晏湘涛，匡兴华，2010. 考虑设施失效的军事物流配送中心选址模型[J]. 计算机工程与应用，46(11)：3－6.

李皎洁，2015. 具有部分感知能力的多智能体协同避障控制[D]. 上海：上海交通大学.

李磊，杨西龙，汪贻生，等，2014. 基于 Multi-Agent 的军事虚拟物流业务协同控制模型[J]. 自动化与仪器仪表(4)：128－130.

李楠，2011. 基于邻域粗糙集的属性约简算法研究[D]. 西安：陕西师范大学.

李绍斌，杨西龙，李耀庭，等，2015. 基于遗传算法的多军事物流配送中心选址决策[J]. 物流技术，34(21)：213－215.

李松，刘力军，翟曼，2012. 改进粒子群算法优化 BP 神经网络的短时交通流预测[J]. 系统工程理论与实践，32(9)：2045－2049.

李涛，陈丽，谭晨，2020. 基于 KPCA 和 LS-SVM 的制导弹药库存性能评估研究[J]. 兵器装备工程学报，41(3)：81－85.

李旺，戴明强，2012. 具有战时随机延误与损耗的多配送中心路径优化[J]. 火力与指挥控制，37(2)：184－189.

李泽，陆廷金，2008. 航空弹药保障信息化系统集成研究[J]. 微计算机信息，24(12)：26－28.

刘丹，陈亮，王伟，2014. 一种基于合作博弈的多目标设计问题求解方法[J]. 机械设计，31(8)：9－12.

刘健，倪麟，樊博，2016. 构建弹性城市的参与性决策支持系统设计[J]. 经济体制改革(6)：45－52.

刘金梅，2006. 航空弹药供应保障决策支持系统研究[D]. 南京：南京理工大学.

刘丽霞，杨骅飞，2004. 突发事件等复杂情形下的交通路径选择问题[J]. 北京联合大学学报(自然科学版)，18(3)：67－71.

刘双印，徐龙琴，李道亮，2015. 基于粗糙集融合支持向量机的水质预警模型[J]. 系统工程理论与实践，35(6)：1617－1624.

刘涛，彭世蕤，2009. 改进 BP 神经网络在航空弹药预测中的应用[J]. 探测与控制学报，31(5)：52－55.

刘显光,张晓丰,苗青林,等,2022. 考虑误差不确定的航空制导弹药使用消耗预测方法[J].空军工程大学学报,23(5):9－15.

刘相娟，邓文新，2012. 基于语义的 Agent 架构模型[J]. 煤炭技术，31(6)：222－224.

刘宇鹏，马春光，张亚楠，2017. 深度递归的层次化机器翻译模型[J]. 计算机学报，40(4)：861－871.

刘志飞，曹雷，赖俊，等，2022.多智能体路径规划综述[J].计算机工程与应用,58(20):43－62.

马俊枫，张仁友，2010. 装甲兵作战决策支持系统的建模研究[J]. 兵工自动化,29(5):10－13.

马悦,吴琳,许霄,2022.基于多智能体强化学习的协同目标分配[J/OL].系统工程与电子技术:1－12.[2022－08－23].https://kns.cnki.net/kcms/detail/11.2422.TN.20220823.1142.006.html.

缪旭东，2010. 舰艇编队协同作战的自组织决策模式及决策支持系统[J]. 军事运筹与系统工程，24(1)：48－52.

牛天林，王洁，杜燕波，等，2011. 战时维修保障资源优化调度的 μPSO 算法研究[J]. 计算机工程与应用，47(9):210－213.

彭滨，章颖，袁庆霓，2011. 一种基于 MAS 的入侵检测方法[J]. 信息安全与技术,2(51):72－74.

邱国斌，2015. 基于战争视角的航空弹药消耗模型比较研究[J]. 西安航空学院学报，33(5)：24－27.

曲永超,2009. 基于遗传算法的商标图案设计[D].济南:山东师范大学.

荣丽娜,刘云飞,高辉,2022.具通信时滞的二阶严格正则多智能体系统的一致性[J].控制工程,29(3):498－503.

施孟佶，2017. 复杂环境下多智能体一致性控制及其在协同飞行中的应用[D].成都:电子科技大学.

石玉峰，2005. 战时随机运输时间路径优化研究[J]. 系统工程理论与实践，25(4)：133－136.

税文兵，叶怀珍，张诗波，2010. 考虑库存成本的配送中心动态选址模型及算法[J]. 公路交通科技，27(4)：149－154.

宋超，邓力，张振，2020. 野战环境下弹药储存问题分析及应对措施[J]. 科技与创新(14)：151－152.

苏治，卢曼，李德轩，2017. 深度学习的金融实证应用：动态、贡献与展望[J]. 金融研究(5)：111－126.

孙倩，2016. 基于LM-BP神经网络的推荐算法的研究与应用[D]. 北京：北京交通大学.

孙云聪，万华，2017. Elman和BP网络应用于航空训练弹药需求预测的对比研究[J]. 舰船电子工程，37(3)：100－103.

汤希峰，毛海军，李旭宏，2009. 物流配送中心选址的多目标优化模型[J]. 东南大学学报(自然科学版)，39(2)：404－407.

唐刚，彭英，2016. 多元主体参与公共体育服务治理的协同机制研究[J]. 体育科学，36(3)：10－24.

陶俊权，苏析超，韩维，等，2022. 基于EDA算法的航母弹药调度优化研究[J]. 兵器装备工程学报，43(5)：125－131.

陶茜，彭力，潘勃，等，2010. 基于蚁群算法的航空弹药需求测算[J]. 火力与指挥控制，35(9)：34－37.

陶益，魏嘉彧，李海军，等，2021. 基于网络计划技术的舰上弹药调度流程优化[J]. 舰船电子工程，41(2)：135－139.

田德红，何建敏，2018. 基于变异粒子群优化与深度神经网络的航空弹药消耗预测模型[J]. 南京理工大学学报，42(6)：716－721.

田德红，何建敏，齐洁，等，2018. 航空弹药动态调运决策优化建模与仿真研究[J]. 西北工业大学学报，36(6)：1236－1242.

田德红，何建敏，张保强，2018. 基于NRS-SVM模型的航空弹药消耗预测研究[J]. 南京航空航天大学学报，50(5)：666－671.

佟常青，王景国，陈博文，2010. 军队应急物资配送备选路径优化多目标规划模型研究[J]. 物流技术，29(s1)：206 - 208.

童晓进，符卓，刘勇，等，2013. 连续消耗应急物资调运问题研究[J]. 铁道科学与工程学报，10(5)：78 - 82.

汪莹，蒋高鹏，2017. RS-SVM 组合模型下煤矿安全风险预测[J]. 中国矿业大学学报，46(2)：423 - 429.

王朝霞，2016. 网络环境下多智能体系统一致性研究[D]. 上海：上海大学.

王剑，罗东，2015. 基于 BDN 的突发事件多主体应急决策模型研究[J]. 中国管理科学，23(S1)：316 - 324.

王剑，罗东，2016. 基于 BDN 和 Multi-Agent 的突发事件应急风险决策方法研究[J]. 中国管理科学，24(S1)：253 - 265.

王坤，刘金梅，2017. 弹药运输路径最优选择模型的仿真研究[J]. 计算机仿真，34(5)：21 - 24.

王立华，徐洸，2009. 空中军事打击智能决策支持系统研究[C]//第十一届中国管理科学学术年会论文集. 成都：174 - 178.

王巍，姚恺，李黎明，2022. 弹药公路运输安全评估研究综述[J]. 装备环境工程，19(4)：28 - 35.

王炜，2007. 交通规划[M]. 北京：人民交通出版社.

王亚良，金寿松，董晨晨，2014. 应急物资储备选址与调度建模研究[J]. 浙江工业大学学报，42(6)：682 - 685.

王勇，吴志勇，陈修素，等，2009. 面向第 4 方物流的多代理人作业整合优化算法[J]. 管理科学学报，12(2)：105 - 116.

王云艳，何楚，赵守能，等，2015. 基于多层反卷积网络的 SAR 图像分类[J]. 武汉大学学报(信息科学版)，40(10)：1371 - 1376.

王梓行，姜大立，杨李，等，2017. 战时导弹火力打击任务分配与运输决策模型[J]. 后勤工程学院学报，33(4)：77 - 85.

魏心泉，王坚，2015. 基于熵的火灾场景介观人群疏散模型[J]. 系统工程理论与实践，35(10)：2473 - 2483.

吴宏伟，刘金梅，王坤，2018. 战时航空弹药消耗需求实时预测仿真[J]. 计算机仿真，35(6)：63 - 66.

吴价宝,卢珂,2014. 基于多主体的港口物流协同机制研究:以江苏沿海港口物流为例[J]. 中国管理科学,22(S1):440-446.

吴鹏,刘恒旺,沈思,2017. 基于深度学习和 OCC 情感规则的网络舆情情感识别研究[J]. 情报学报,36(9):972-980.

谢能刚,岑豫皖,孙林松,等,2008. 基于混合行为博弈的多目标仿生设计方法[J]. 力学学报,40(2):229-237.

谢文龙,魏国强,2015. 基于情景分析的军事物流配送中心选址模型[J]. 计算机工程与应用,51(8):255-259.

徐廷学,赵建忠,顾均元,等,2011. Agent 技术在导弹装备维修保障系统中的应用[J]. 飞航导弹(3):22-28.

杨春周,战希臣,王慧锦,2012. 军事物流配送中心选址模型的构建[J]. 计算机仿真,29(5):19-23.

杨妹,杨山亮,许霄,等,2016. 面向高层辅助决策的作战分析仿真系统框架[J]. 系统工程与电子技术,38(6):1440-1449.

杨萍,刘卫东,李明雨,2007. 常规导弹战前运输任务优化模型[J]. 火力与指挥控制,32(2):41-43.

尹宝才,王文通,王立春,2015. 深度学习研究综述[J]. 北京工业大学学报,41(1):48-59.

鱼静,王峰,王华,等,2014. 装备综合物流保障网络智能决策支持技术[J]. 指挥控制与仿真,36(3):112-115.

曾鲁山,曾凡明,孔庆福,等,2011. 舰艇主动力装置战损评估与抢修决策支持系统[J]. 舰船科学技术,33(12):115-119.

张栋,马苏慧,吕石,等,2022. 多智能体系统事件触发一致性研究综述[J]. 北京理工大学学报,42(10):1059-1072.

张方方,2015. 多智能体系统分布式优化控制[D]. 济南:山东大学.

张洪亮,刘建伟,马羚,等,2021. 基于离散粒子群的舰载机弹药调度[J]. 舰船电子工程,41(4):146-149.

张立民,刘凯,2015. 基于深度玻尔兹曼机的文本特征提取研究[J]. 微电子学与计算机,32(2):142-147.

张孟月,张玉飞,徐钰华,等,2020.某航空兵场站机载弹药保障仿真研究[J].
    计算机测量与控制,28(11):122-125.

张启义,范从龙,商则志,2014.装备物流运输决策支持系统需求分析[J].
    军事交通学院学报,16(1):61-64.

张群,颜瑞,2012.基于改进模糊遗传算法的混合车辆路径问题[J].中国
    管理科学,20(2):121-128.

张雨,刘成林,2022.具有时变参考输入的多自主体系统的平均一致性跟踪
    [J].计算机应用,42(1):191-197.

赵斌,王媛,李珍萍,2011.带距离限制的双配送中心选址方法[J].物流技
    术,30(1):69-71.

周博,2016.多智能体的一致性控制及优化[D].重庆:西南大学.

周春华,吴亚锋,姚世军,等,2009.军事指挥综合决策支持系统[J].信息
    系统工程(6):70-74.

周庆忠,2016.基于 Agent 的信息化作战油料保障调运模型[J].兵器装备
    工程学报,37(3):49-53.

周生伟,蒋同海,张荣辉,2013.改进遗传算法求解 VRP 问题[J].计算机
    仿真,30(12):140-143.

周一鸣,王茜,杨硕,2017.动态灰色模型在航空弹药维修器材消耗规律中
    的应用[J].物流科技,40(7):135-137.

朱黎辉,李晓宁,2015.面向图像分类的多层感知机 BBO 优化方法[J].四
    川师范大学学报(自然科学版),38(6):930-937.